NCS 기반

Commercial Blow Dry & Iron

Kim, Jin Sook
Son, Jin A

Commercial Blow Dry & Iron

Chung Ku Publisher

머리말

신체를 아름답게 꾸미고자 하는 인간의 욕구는 어느 시대를 막론하고 변함이 없다. 의상과 더불어 헤어스타일(hair style)은 매우 중요한 역할을 한다. 헤어스타일은 트렌드와 유행에 민감할 뿐만 아니라 때와 장소에 따라 연출하는 방법이 달라지기도 하지만 일반적으로 활동하기 쉬운 자연스러운 헤어스타일들을 모든 사람들은 선호한다고 생각한다.

바쁘게 살아가는 현대인들에게 간편하고 실용적으로 손질할 수 있는 도구로 블로 드라이나 아이론들은 집에서도 간편하게 손질할 수 있도록 제작되어 나오기 때문에 누구나 손쉽게 헤어타일들을 연출할 수 있다. 하지만 혼자서 하는 드라이나 아이론은 모발을 손상시킬 수 있기 때문에 전문가의 손길이 필요한 작업이라고 생각한다.

헤어디자인에 있어 블로 드라이는 빠르게 헤어스타일을 연출할 수 있는 방법으로 고객의 요구와 필요에 의해 디자인이 계획되지만 고객의 얼굴형과 나이, 모발의 길이나 모량의 많고 적음에 따라 디자인의 형태가 결정되는 것이므로 사전에 충분한 상담과 예시를 통하여 디자인을 구성하고 연출하여 자연스러운 결과물을 도출하여야 한다.

블로 드라이는 너무 쉽게 생각하기 때문에 겪는 어려움 중에 대부분이 기본적으로 다루어야 할 기초적인 기법들과 방법들을 숙지하지 않고 스타일링(styling)에만 더 중점을 두기 때문에 실패하는 경우가 많다. 스타일을 연출하는 것도 중요하지만 다양한 도구들의 사용방법들을 잘 숙지하고 이해할 수 있어야만 도구들의 장점을 살릴 수 있고 스타일링을 함에 있어서도 효과적인 완성도를 높일 수 있기 때문이다. 물론 기술을 습득하는 것이 간단하지는 않지만, 기초적인 작업들이 반복적으로 숙련되어야만 블로 드라이를 작업함에 있어 어렵게 생각하지 않고 자유자재로 수준 있는 완성도를 높일 수 있다.

이 책에 실린 작품들은 뷰티산업 현장에서 쉽게 접할 수 있는 작품들을 중심으로 하였고, NCS를 기반으로 하는 작품들로 구성하였다. 따라서 이론적인 것보다는 뷰티산업 현장에서의 활용도를 높이는 쪽에 비중을 두었으며, 헤어 디자이너들이 최대한 쉽게 이해하고 접할 수 있도록 정리하고자 노력하였다.

"아름다움이 세상을 구원하리라"는 러시아의 분호 도스트옙스키의 말처럼, 외면의 아름다움도 중요하지만 내적인 아름다움이 표출 되었을 때 아름다움은 극치를 이룰 것이라고 본다. 뷰티산업의 현장에서 아륟다움을 연출하는 헤어 디자이너들에게 보다 많은 영감과 연출에 도움이 되길 바라는 바이다.

끝으로 이 책이 나오기까지 도움을 주신 이수희 교수님과 모델 분들에게 깊은 감사를 드리며 출판을 위해 수고해주신 청구문화사 이상태 사장님과 직원 분들에게도 진심으로 감사드린다.

2016년 가을

김진숙, 손진아

Contents

Part 1

Part 2

2016년 보완 NCS 헤어미용

분류번호 : 1201010123_16v3

능력단위 명칭 : 베이직 드라이

능력단위 정의 : 베이직 드라이란 블로우 드라이어, 헤어 매직기, 헤어 브러시 등의 기기 및 도구를 이용하여 스트레이트 드라이, C컬 드라이 기법으로 헤어스타일을 완성하는 능력이다.

능력단위요소	수 행 준 거
1201010123_16v3.1 스트레이트 드라이하기	1.1 모발 상태와 헤어디자인에 따라 블로우 드라이어, 헤어 매직기, 헤어브러시 등의 기기 및 도구를 선정할 수 있다. 1.2 블로우 드라이어를 사용하여 모발을 스트레이트 형태로 드라이할 수 있다. 1.3 헤어 매직기를 사용하여 모발을 스트레이트형태로 펼 수 있다. 1.4 모발 상태와 헤어디자인에 따라 기기의 온도, 각도와 방향, 텐션 등을 조절할 수 있다. 1.5 콤아웃 기법과 헤어스타일 연출 제품 등을 사용하여 헤어스타일을 완성할 수 있다. 【지 식】 ◦ 모발상태 분석에 관한 지식 ◦ 블로우 드라이어의 종류와 사용법 ◦ 헤어 매직기의 종류와 사용법 ◦ 콤아웃 기본기법 ◦ 헤어스타일 연출 제품의 종류와 사용법 【기 술】 ◦ 블로우 드라이어를 사용하여 모발을 스트레이트로 펴는 기술 ◦ 헤어 매직기기를 사용하여 모발을 스트레이트로 펴는 기술 ◦ 콤아웃 테크닉 ◦ 다양한 헤어스타일 연출에 따른 제품사용 능력 【태 도】 ◦ 두피와 모발을 자극하지 않도록 주의하는 자세 ◦ 고객만족을 위해 노력하는 태도 ◦ 전열기기 사용 시 안전에 주의하는 태도
1201010123_16v3.2 C컬 드라이하기	2.1 모발 상태와 헤어디자인에 따라 블로우 드라이어, 헤어 매직기, 헤어브러시 등의 기기 및 도구를 선정할 수 있다. 2.2 블로우 드라이어를 사용하여 모발을 인컬, 아웃컬의 형태로 드라이할 수 있다. 2.3 헤어 매직기를 사용하여 모발을 인컬, 아웃컬의 형태로 할 수 있다. 2.4 콤아웃 기법과 헤어스타일 연출 제품 등을 사용하여 헤어스타일을 완성할 수 있다. 【지 식】 ◦ 모발상태 분석에 관한 지식 ◦ 블로우 드라이어의 종류와 사용법에 관한 지식 ◦ 헤어매직기의 종류와 사용법에 관한 지식 ◦ 콤아웃 기본기법에 관한 지식 ◦ 헤어스타일 연출 제품의 종류와 사용법에 관한 지식

1201010123_16v3.2 C컬 드라이하기	【기 술】 ◦ 블로우 드라이어로 C컬하는 능력 ◦ 헤어매직기로 C컬하는 능력 ◦ 콤아웃하는 능력 ◦ 헤어스타일 연출 제품을 사용하는 능력 【태 도】 ◦ 두피와 모발을 자극하지 않도록 주의하는 자세 ◦ 고객만족을 위해 노력하는 태도 ◦ 고객의 불편을 확인하고 대처하는 자세 ◦ 전열기기 사용 시 안전에 주의하는 태도

⊙ 적용범위 및 작업상황

고려사항

- 드라이란 블로우 드라이어와 헤어매직기 등을 사용하여 헤어스타일을 연출하는 행위를 의미한다.
- 블로우 드라이어, 헤어매직기 등을 사용할 경우 화상과 감전 및 화재로 인한 안전사고에 주의한다.
- 블로우 드라이어란 미용업소에서 일반적으로 사용하는 핸드식 블로우 드라이어를 의미한다.
- 블로우 드라이 서비스 시 모발상태와 목적 및 희망 디자인에 따라 온도, 풍량, 방향, 각도, 텐션, 베이스 폭, 롤 브러시 굵기 등을 고려해야 한다.
- 헤어 매직기의 종류는 열판을 기준으로 플랫형, 라운드형, 클림퍼형 등이 있으며 용도에 따라 선택하여 사용한다.
- 헤어매직기 서비스 시 모발상태와 목적 및 희망 디자인에 따라 온도, 방향, 각도, 텐션, 베이스 폭, 열판의 너비 등을 고려해야 한다.
- 고객의 만족도와 서비스의 완성도 향상을 위해 메이크업, 매니큐어, 눈썹손질 등의 부가서비스를 제공할 수 있어야 한다.

자료 및 관련 서류

- 헤어드라이기 사용설명서
- 헤어매직기 사용설명서
- 헤어스타일 연출 제품 사용설명서
- 헤어스타일 북

장비 및 도구

- 거울과 의자
- 블로우 드라이어와 헤어매직기
- 각종 브러시와 빗, 분무기, 핀셋, 어깨보

재료

- 헤어스타일 연출 제품(헤어 보습제, 스프레이, 왁스 등)

⊙ 평가지침

평가방법

- 평가자는 능력단위 베이직 드라이의 수행준거에 제시되어 있는 내용을 평가하기 위해 이론과 실기를 나누어 평가하거나 종합적인 결과물의 평가 등 다양한 평가 방법을 사용할 수 있다.
- 피 평가자의 과정평가 및 결과평가 방법

평 가 방 법	평가유형	
	과정평가	결과평가
A. 포트폴리오		✓
B. 문제해결 시나리오		
C. 서술형시험		✓
D. 논술형시험		
E. 사례연구		
F. 평가자 질문	✓	
G. 평가자 체크리스트	✓	✓
H. 피평가자 체크리스트	✓	
I. 일지/저널		✓
J. 역할연기		
K. 구두발표		
L. 작업장평가	✓	✓
M. 기타		

평가 시 고려사항

- 수행준거에 제시되어 있는 내용을 성공적으로 수행할 수 있는지를 평가해야 한다.
- 평가자는 다음 사항을 평가해야 한다.
  - 수행준거에 따른 지식 · 기술 · 태도의 습득 능력
  - 베이스 폭과 각도 및 방향에 따른 형태 차이에 대한 인식정도
  - 완성된 헤어스타일의 밸런스
  - 헤어스타일 연출 도구 및 제품 사용의 적정성
  - 주변 정리 · 정돈 상태
  - 고객만족도

⊙ 직업기초능력

순 번	직업기초능력	
	주요영역	하위영역
1	의사소통능력	문서이해 능력, 경청능력, 의사표현 능력
2	수리능력	기초연산능력
3	문제해결능력	사고력, 문제처리능력
4	자기개발능력	자아인식능력, 자기관리능력, 경력개발능력
5	자원관리능력	시간관리능력, 물적자원관리능력
6	대인관계능력	팀웍능력, 리더십능력, 갈등관리능력, 협상능력, 고객서비스능력
8	기술능력	기술이해능력, 기술선택능력, 기술적용능력
9	조직이해능력	업무이해능력
10	직업윤리	근로윤리, 공동체 윤리

⊙ 개발 이력

구 분		내 용
직무명칭		헤어미용
능력단위 보완유형		능력단위 분할
분류번호	기존	1201010111_14v2
	보완	1201010123_16v3
개발연도	현재	2016
	2차	2014
	최초(1차)	2011
버전번호		v3
개 발 자	현재	(사)대한미용사회
	2차	(사)대한미용사회
	최초(1차)	한국산업인력공단
향후 보완 연도(예정)		2019
능력단위 보완사유		능력단위 분할

분류번호 : 1201010139_16v3

능력단위 명칭 : 웨이브 드라이

능력단위 정의 : 웨이브 드라이란 블로우 드라이어, 헤어 아이롱 등의 기기와 도구를 이용하여 S컬드라이, 응용드라이 기법으로 헤어스타일을 완성하는 능력이다.

능력단위요소	수 행 준 거
1201010139_16v3.1 S컬 드라이하기	1.1 블로우 드라이어를 사용하여 모발을 S컬의 형태로 드라이할 수 있다. 1.2 헤어 아이롱기를 사용하여 모발을 S컬의 형태로 연출할 수 있다. 1.3 콤아웃 기법과 헤어스타일 연출 제품 등을 사용하여 헤어스타일을 완성할 수 있다. 【지 식】 ◦ 헤어스타일 연출에 필요한 디자인 요소에 관한 지식 ◦ 블로우 드라이어와 헤어 아이롱기의 응용 사용법 ◦ 콤아웃 응용기법에 관한 지식 ◦ 헤어스타일 연출 제품의 종류와 사용법에 관한 지식 【기 술】 ◦ 블로우 드라이어로 S컬을 만드는 기술 ◦ 헤어 아이롱으로 S컬을 만드는 기술 ◦ 헤어스타일 연출 제품을 사용하여 콤아웃하는 능력 【태 도】 ◦ 전체적인 균형과 구도를 이해하려는 태도 ◦ 두피와 모발을 자극하지 않도록 주의하는 자세 ◦ 고객만족을 위해 노력하는 태도 ◦ 고객의 불편을 확인하고 대처하는 자세
1201010139_16v3.2 응용드라이하기	2.1 블로우 드라이어와 헤어 아이롱기를 사용하여 쇼트헤어를 연출할 수 있다. 2.2 블로우 드라이어를 사용하여 핑거드라이할 수 있다. 2.3 블우드라이기와 헤어 아이롱기를 사용하여 트위스트 등 다양한 스타일로 연출할 수 있다. 2.4 콤아웃 기법과 헤어스타일 연출 제품 등을 사용하여 헤어스타일을 완성할 수 있다. 【지 식】 ◦ 헤어스타일 연출에 필요한 디자인 요소에 관한 지식 ◦ 블로우 드라이어와 헤어 아이롱기의 응용사용법에 관한 지식 ◦ 콤아웃 응용기법에 관한 지식 ◦ 헤어스타일 연출 제품의 종류와 사용법에 관한 지식 【기 술】 ◦ 모발 상태와 목적에 적합한 기기 및 기구를 선정하는 능력 ◦ 블로우드라이어로 볼륨형성과 모류교정하는 능력 ◦ 헤어 아이롱기로 볼륨형성과 모류교정하는 능력 ◦ 블로우 드라이어와 헤어 아이롱으로 쇼트헤어 드라이하는 기술

◦ 블로우 드라이어로 핑거드라이하는 기술
◦ 모발 상태와 헤어디자인에 따라 다양한 스타일 연출 능력
◦ 콤아웃하는 능력
◦ 헤어스타일 연출 제품을 사용하는 능력

【태 도】

◦ 전체적인 균형과 구도를 이해하는 태도
◦ 두피와 모발을 자극하지 않도록 주의하는 자세
◦ 고객만족을 위해 노력하는 태도
◦ 고객의 불편을 확인하고 대처하는 자세

⊙ 적용범위 및 작업상황

고려사항

- 드라이란 블로우 드라이와 헤어 아이롱기 등으로 헤어스타일을 연출하는 행위를 의미한다.
- 블로우 드라이어, 헤어 아이롱기 등을 사용할 경우 화상과 감전 및 화재로 인한 안전사고에 주의한다.
- 블로우 드라이어란 미용업소에서 일반적으로 사용하는 핸드식 블로우 드라이어를 의미한다.
- 블로우 드라이 서비스 시 모발상태와 서비스 목적 및 희망 디자인에 따라 온도, 풍량, 방향, 각도, 텐션, 베이스 폭, 롤브러시 굵기 등을 고려해야 한다.
- S컬이란 물결웨이브와 연속웨이브(웨이브지라시)를 포함한다.
- 핑거드라이란 브러시 등의 도구를 사용하지 않고 블로우 드라이어와 손만을 이용하여 헤어스타일 연출하는 작업이다.
- 헤어 매직기의 종류는 열판을 기준으로 플랫형, 라운드형, 클림퍼형 등이 있으며 용도에 따라 선택하여 사용한다.
- 헤어 매직기 서비스 시 모발상태와 서비스목적 및 희망 디자인에 따라 온도, 방향, 각도, 텐션, 베이스 폭, 열판의 너비 등을 고려해야 한다.
- 최신 트렌드에 관심 갖고 다양한 문화경험과 세미나 등을 통해 정보 수집과 기술 습득을 위해 노력한다.
- 고객의 요구와 서비스 목적에 부합하는 디자인을 제안하고 서비스할 수 있어야 한다.
- 고객의 만족도와 서비스의 완성도 향상을 위해 메이크업, 매니큐어, 눈썹손질 등의 부가서비스를 제공할 수 있어야 한다.

자료 및 관련 서류

- 헤어 드라이어 사용설명서
- 헤어 아이롱기 사용설명서
- 헤어스타일 연출 제품 사용설명서
- 헤어스타일 북

장비 및 도구

- 거울과 의자
- 블로우 드라이어
- 헤어 아이롱기
- 각종 브러시와 빗, 분무기, 핀셋, 어깨보

재료

- 헤어스타일 연출 제품(헤어 보습제, 스프레이, 왁스 등)

⊙ 평가지침

평가방법

- 평가자는 능력단위 웨이브드라이의 수행준거에 제시되어 있는 내용을 평가하기 위해 이론과 실기를 나누어 평가하거나 종합적인 결과물의 평가 등 다양한 평가 방법을 사용할 수 있다.
- 피 평가자의 과정평가 및 결과평가 방법

평 가 방 법	평가유형	
	과정평가	결과평가
A. 포트폴리오		✓
B. 문제해결 시나리오		
C. 서술형시험		✓
D. 논술형시험		
E. 사례연구		
F. 평가자 질문	✓	
G. 평가자 체크리스트	✓	✓
H. 피평가자 체크리스트	✓	
I. 일지/저널		✓
J. 역할연기		
K. 구두발표		
L. 작업장평가	✓	✓
M. 기타	✓	✓

평가 시 고려사항

- 수행준거에 제시되어 있는 내용을 성공적으로 수행할 수 있는지를 평가해야 한다.
- 평가자는 다음 사항을 평가해야 한다.
  - 수행준거에 따른 지식 · 기술 · 태도의 습득 능력
  - 완성된 헤어스타일의 밸런스
  - 헤어스타일 연출 도구 및 제품 사용의 적정성
  - 주변 정리 · 정돈 상태
  - 고객만족도

⊙ 직업기초능력

순 번	직업기초능력	
	주요영역	하위영역
1	의사소통능력	문서이해 능력, 경청능력, 의사표현 능력
2	수리능력	기초연산능력
3	문제해결능력	사고력, 문제처리능력
4	자기개발능력	자아인식능력, 자기관리능력, 경력개발능력
5	자원관리능력	시간관리능력, 물적자원관리능력
6	대인관계능력	팀웍능력, 리더십능력, 갈등관리능력, 협상능력, 고객서비스능력
8	기술능력	기술이해능력, 기술선택능력, 기술적용능력
9	조직이해능력	업무이해능력
10	직업윤리	근로윤리, 공동체 윤리

⊙ 개발 이력

구 분		내 용
직무명칭		헤어미용
능력단위 보완유형		능력단위 분할
분류번호	기존	1201010111_14v2
	보완	1201010123_16v3
개발연도	현재	2016
	2차	2014
	최초(1차)	2011
버전번호		v3
개 발 자	현재	(사)대한미용사회
	2차	(사)대한미용사회
	최초(1차)	한국산업인력공단
향후 보완 연도(예정)		2019
능력단위 보완사유		능력단위 분할

Part 1

1. 블로 드라이(Blow dry)의 개요

1) 블로 드라이의 정의

블로 드라이(Blow dry)는 블로우(Blow)의 '바람이 불다'와 드라이(dry)의 '건조기 따위로 머리를 말리거나 다듬는 일'이라는 뜻으로 드라이어의 바람으로 모발을 매만지는 것을 말한다. 열과 바람으로 젖은 모발을 건조하면서 모발의 방향성, 질감, 형태에 일시적으로 변화를 주는 것으로 커트와 퍼머넌트 등의 시술만으로는 부족한 면을 보완해주어 헤어 스타일링의 완성도를 높이고, 연출하고자하는 이미지를 손쉽고 빠르게 표현 할 수 있는 테크닉이다. 수소결합을 이용한 일시적인 세트로서 열풍과 냉풍을 이용해 젖은 모발을 빠른 시간 내에 건조시켜 두형을 보완하거나 원하는 헤어스타일로 아름답게 연출할 수 있다.

한 번의 작업으로 모발을 건조시키고 스타일까지 연출 할 수 있으므로 시간절약 면에서 효율적이다. 블로 드라이는 최소의 작업으로 최대의 효과를 얻을 수 있으며, 손으로 모류 방향과 볼륨감을 표현하고, 롤과 브러쉬로 형태를 만들 수 있는 효과가 있다.

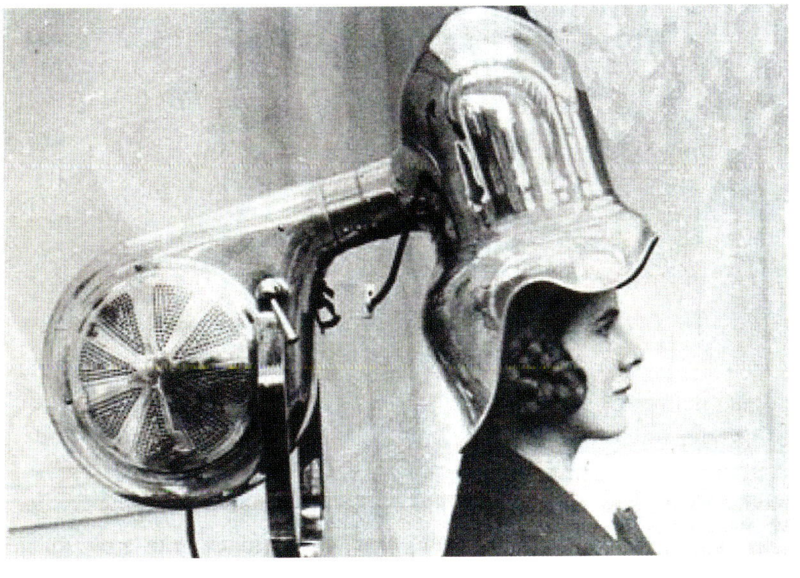

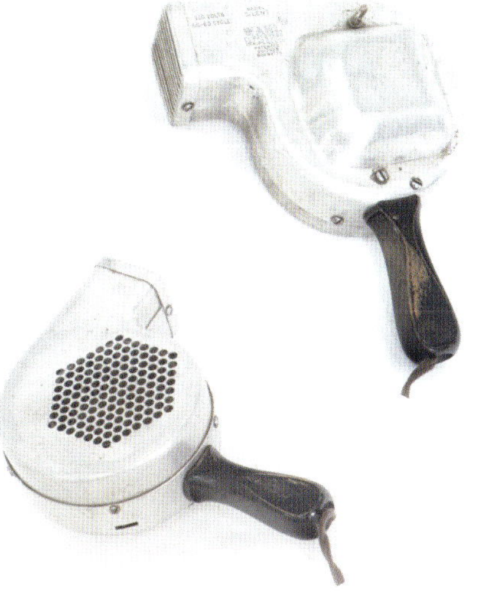

2) 블로 드라이의 역사

현대적 의미의 블로 드라이가 보급된 것은 1960년대 중반부터이다. 1970년대는 전문적인 여성들의 활발한 사회진출로 인하여 실용적이고 간편한 헤어스타일을 요구하였다. 프랑스에서 처음 미용기술의 하나로 사용된 블로 드라이는 1970년 '롤카'라는 뷰티살롱을 경영하는 모와누 부인에 의해서 브러싱(brushing)특허가 등록되어 다른 이들은 사용할 수 없었기 때문에 CIC 바르셀로나 국제미용대회에서 '아방가르드'라는 기술 명으로 대회가 치러졌다. 그 이후 영국의 비달사순(Vidal Sasson)이 'Cut & Blow Dry' 라는 이름으로 발표됨에 따라서 젊은 여성들 사이에서 인기를 얻기 시작했다.

우리나라는 1970년부터 알려졌으나, 1875년 마셀 끄라또우(Marcel Gurateau)가 발표한 마셀 웨이브가 보급되어 셋팅과 함께 사용되었고, 1980년대부터 산업의 발달과 함께 여성의 경제활동이 활발하게 진행되기 시작하여 간편하고 기능적인 블로 드라이 사용이 정착되었다. 지금은 가정에서 한 대는 있을 정도로 널리 확산되었다.

3) 블로 드라이의 목적

블로 드라이의 궁극적인 목적은 드라이기의 열풍, 온풍, 냉풍을 이용해 커트와 퍼머넌트 웨이브 등의 스타일에 완성도를 높이는데 있다. 또한 연출하고자 하는 헤어스타일의 이미지(image)를 빠르게 만들 수 있으며 헤어 스타일링의 완성도를 높여 최고의 아름다움을 최대한 표현하는데 있다.

블로 드라이의 기본기술은 헤어드라이어, 브러시, 빗을 이용하여 볼륨(volume), 컬(curl), 스트레이트(straight) 스타일 등 자연스러운 헤어스타일을 연출하는 것으로 펴기(Straight), 안마름(Blow dry Forward), 겉마름(Blow dry Reverse), C컬(Blow dry C curl), S컬(Blow dry S curl)이 있다. 또한 손가락을 이용하여 모발에 방향감을 주면서 자연스러움을 연출하는 핑거드라이도 있다. 즉 이러한 방법을 적용하여 헤어스타일이 독립적 혹은 서로 결합하여 전달됨으로서 이미지 지각에도 영향을 미치며, 다양한 디자인을 창작하게 된다.

블로 드라이로 스타일링할 때는 드라이기의 열풍과 온풍, 냉풍과 텐션을 필요에 따라 적절히 이용하는 기술이 필요하다. 이와 같이 헤어 스트랜드(Strand)에 대하여 브러시와 드라이어의 움직임, 각도에 의해 머리카락에는 윤기 및 볼륨, 방향성을 갖게 하면서 잘 정리된 헤어스타일을 만들어 낼 수 있다.

- 헤어 스타일링을 하기 위한 가장 기본적이면서도 완성도가 높은 테크닉이다.
- 헤어 드라이기를 이용하여 모발에 형태, 선, 모양, 방향을 만들 수 있다.
- 모발의 흐름을 정리하여 모발에 윤기와 탄력을 줄 수 있다.
- 모발을 원하는 방향으로 볼륨(volume), 컬(curl), 스트레이트(straight)할 수 있다.

4) 블로 드라이(Blow Dry)의 원리

블로 드라이는 모발의 수소결합을 이용하는 원리로 모발의 측쇄결합 중에 가장 약한 결합으로 측쇄의 산소(O)와 수소(H)사이에서 잡아당기는 힘에 의해 결합한 것으로 결합 중에 가장 많이 존재하며 모발의 성질에 영향을 준다. 즉, 모발에 수분을 공급하면 수소결합이 절단되고 절단된 상태에서 헤어 드라이와 브러시를 이용하여 수분을 건조시키면 수소결합이 재결합되어 원하는 형태, 선, 모양, 방향 및 볼륨(volume), 컬(curl), 스트레이트(straight)가 형성된다.

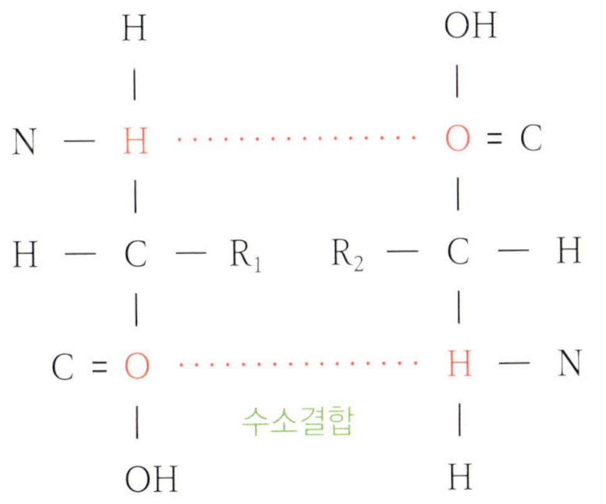

※ 수소결합: 측쇄의 산소(O)와 수소(H)가 잡아당기는 결합(전자를 얻어야만 안정적인 상태가 되는 수소가 수분에 의해 결합이 끊어졌다가 그 수분이 건조되어 없어짐으로써 결합이 생기는 원리)

(1) 모발과 열의 관계

건조한 모발은 열에 비교적 강하지만 젖은 모발은 열에 의해 측쇄의 가수분해 또는 케라틴 구조의 변화 등에 의해 손상을 받는다. 특히, 화학약품(산 · 알칼리)으로 팽윤 · 연화된 모발에 열을 가하면 케라틴 구조가 변화되어 큐티클과 간충물질이 훼손되며, 큐티클의 손상으로 간충물질이 유출되어 모발의 다공화로 손상이 촉진된다. 모발이 젖어 있을 때 낮은 온도에도 모발에 영향을 미치므로 어느 정도 건조된 적당량의 수분이 있는 상태에서 블로 드라이로 스타일링을 하여야 한다.

(2) 블로 드라이의 온도

모발은 습한 공기 중에서 수분을 흡수하고 건조한 공기 중에서는 수분을 발산하는 성질을 가지고 있다. 모발은 공기 중의 상태에서는 10~15%의 수분을 함유하고 있으며 세발 직후는 30~35%의 수분을 함유하고 있다. 블로 드라이의 디자인 결정시 모발에 있는 수분은 중요한 역할을 한다. 건열이나 습열에 따라 열이 모발에 미치는 영향은 차이가 있으며, 건열에서는 120℃ 전후에 팽창되고 130~150℃에서 변색이 시작되어 270~300℃가 되면 타서 분해되기 시작한다. 모발의 손상을 방지하기 위해서는 핸드 드라이어의 송풍구 각도와 거리에 따라 달라지기 때문에 강한 열이 오랫동안 직접적으로 닿지 않도록 주의한다. 습한 상태에서의 모발은 저온에서도 영향을 받기 때문에 타올로 충분히 물기를 닦아내어 함수량을 적게 하여 헤어스타일링 해야 모발 손상을 방지 할 수 있다.

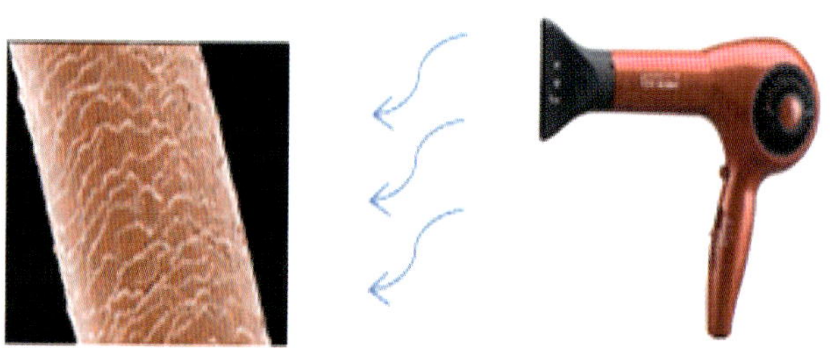

- 70℃ – 케라틴 구조 변화 시작
- 100℃ – 모발 변형 시작
- 130℃ – 모발 타기 시작
- 190℃ – 탄화(carbonization)

5) 블로 드라이 작업 시 영향을 미치는 요인

완성도가 높은 블로 드라이를 시술하기 위해서는 블로 드라이에 영향을 미치는 요인에 대하여 정확하게 알고 이해하는 것이 중요하다.

(1) 수분(Water)

일시적인 헤어 스타일링의 경우는 수소결합에 의해 그 모양이 고정된다. 그러므로 블로 드라이로 일시적 헤어스타일을 만드는데 있어서 수분이 꼭 필요하며 모발의 수분은 10~20% 정도가 적당하다.

(2) 온도(Temperature)

모발에 열을 가하면 그 열이 식으면서 형태가 고정되어 원하는 헤어스타일을 만들게 된다. 블로 드라이의 경우 드라이기의 사용 각도나 거리에 따라 차이는 있지만 대개 80℃ 전후가 적합하다. 일반적으로 드라이기는 열풍과 온풍, 냉풍을 모두 사용할 수 있도록 제작된다. 따라서 머리모양을 만들 때 열풍을 가한 후 냉풍을 이용하여 모양을 고정시키면 신속한 헤어스타일을 연출할 수 있다.

(3) 패널의 크기(Size of the panel)

패널의 크기는 가로 폭과 세로 폭에 의해 결정된다. 수평으로 패널을 나눌 경우 가로 폭이 브러시의 70~80%, 세로 폭이 3cm 내외의 범위이며, 수직으로 패널을 나눌 경우에는 세로 폭이 브러시의 70~80%의 범위가 된다. 이 범위보다 넓은 패널은 신속하고 정확한 시술이 어렵게 되므로 패널의 크기를 적절하게 조절해야 한다.

(4) 패널의 각도(Angle of the panel)

희망하는 볼륨의 높낮이에 따라 패널의 각도는 달라진다. 모근 쪽에 충분한 볼륨을 주고자 할 때는 두피 쪽의 모발을 110~130° 정도 들어 올려줘야 한다. 볼륨을 원하지 않은 경우에는 90° 이하로 시술하며 자연스러운 흐름과 매끈한 윤기를 표현 할 때는 45°로 시술하면 적절하다.

(5) 브러시(Brush)

브러시는 크기, 형태, 재질이 다양하므로 원하는 헤어스타일에 따라 브러시의 선택이 달라진다. 일반적으로 스트레이트를 할 때 긴 모발에 큰 브러시를 사용하는 등 모발 길이에 따라 크기를 달리하여 사용한다. 그러나 웨이브나 컬을 만들 때는 작은 브러시를 사용한다. 모발 상태에 따라 브러시 형태나 재질을 고려하여 선택하여야 한다.

(6) 회전력(Torque)

표현하고자 하는 헤어스타일에 따라 롤 브러시에 모발을 감는 회전력이 달라진다. C컬은 반 바퀴에서 한 바퀴까지 감으며, S컬은 2바퀴 이상 회전한다.

(7) 텐션(Tension)

매끈한 질감처리와 탄력 있는 웨이브 형성은 적절한 텐션조절에 의해 가능하다. 볼륨(volume), 컬(curl), 스트레이트(straight)시 적당한 텐션을 주지 않고 너무 느슨하게 하면 많은 열을 가해도 웨이브 형태가 명확하지 않고 탄력이 없으며 느슨해진다. 그러나 너무 강한 텐션은 모발이 브러시에 엉키게 하며 모발 손상을 초래하므로 균일하고 적당한 텐션조절이 필요하다.

(8) 브러싱의 속도(Speed of brushing)

블로 드라이 시술시 브러싱의 속도는 모발의 윤기와 매끈함을 좌우한다. 브러싱의 속도가 너무 빠르면 매끄러운 머릿결을 얻을 수 없다. 곱슬머리나 손상모를 스트레이트로 펼 때는 균일한 텐션과 브러싱하는 속도를 천천히 진행하는 것이 정확하고 빠른 결과를 얻을 수 있다.

6) 블로 드라이어(Blow Dryer) 명칭 및 필요한 도구

(1) 블로 드라이어(Blow Dryer)

① 블로 드라이어의 각부 명칭

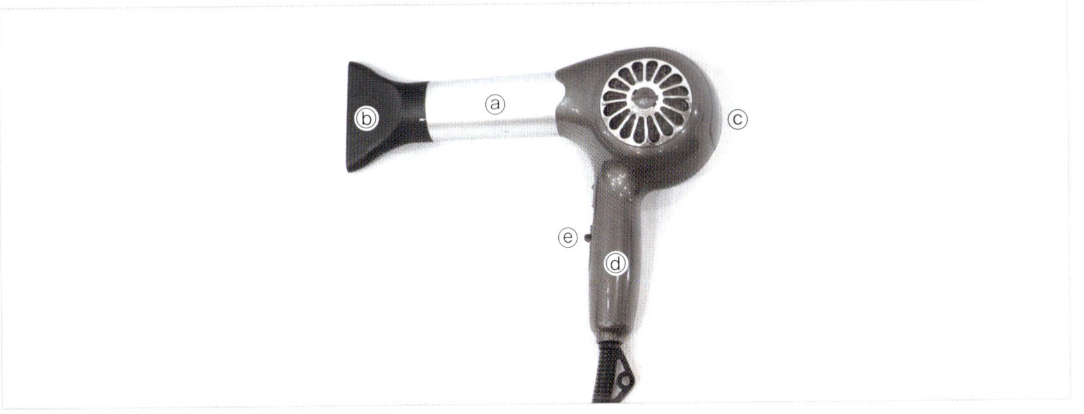

ⓐ 몸체(body): 드라이기의 중요부품이 들어 있는 부위
ⓑ 노즐(nozzle): 열풍, 온풍, 냉풍이 나오는 출구
ⓒ 흡입구(fan): 공기를 빨아들이는 입구
ⓓ 손잡이(handle, grip): 드라이기의 손잡이
ⓔ 조절기(controller): 열풍, 온풍, 냉풍을 조절하는 장치로써 손잡이에 부착

② 블로 드라이어 사용 시 주의사항

- 블로 드라이어를 사용하기 전에 흡입구나 노즐부위에 먼지나 기름 때, 잔여모발의 여부를 확인한다.
- 드라이어의 뒤쪽 공기 흡입구가 막혀 공기가 자유롭게 들어가지 못하면 드라이어의 전원 장치가 타버린다.
- 뜨거운 바람이 직접 모발이나 피부에 닿지 않도록 한다.
- 모발에 너무 밀착하면 바람이 빠져 나오지 못해 모터에 무리가 간다.
- 모발에 수분이 너무 많거나 혹은 완전 건조된 상태에서는 드라이 효과가 떨어지므로 적당한 수분이 있어야 한다(샴푸 직후 수분량은 30%).
- 드라이 후에도 모발의 수분 함유량은 11~13%가 적당하다. 10%이하면 모발이 부스스해 보인다.
- 드라이어의 전기선이나 노즐 등으로 고객의 얼굴이나 목 등을 건드리지 않도록 주의한다.
- 드라이하기 전에 모발에 모발 보호제를 도포하여 열상을 예방한다.

(2) 브러시(Brush)

브러시는 손잡이 부분과 몸체, 빗살로 이루어져 있으며, 몸체와 빗살의 형태와 재질에 따라 사용목적과 명칭이 달라진다. 간편하고 빠르며 완성도 높은 블로 드라이를 위해서는 적절한 브러시를 선택하는 것이 중요하다.

① 롤 브러시(Roll Brush)

둥근형태의 브러시는 컬이 있는 머리카락을 스트레이트로 펴거나, 스트레이트의 모발에 컬을 형성하고자 할 때 사용할 수 있다. 제품회사에 따라 조금씩 다르지만 일반적으로 대, 중, 소의 크기로 구분할 수 있다.

가시 롤 브러시

돈모 롤 브러시

② 금속성 브러시(Metal Brush)

금속성 브러시는 드라이의 열을 오래 지속시키면서 열전도율이 빠르기 때문에 컬드라이를 하는데 적합하다. 알루미늄으로 된 브러시이기 때문에 과도한 열로 인하여 모발의 손상에 유의한다.

금속성 롤 브러시

③ 덴멘 브러시(Denman Brush)

하프 라운드 브러시(half round brush)라고도 하며 뿌리에 볼륨을 살릴 수 있다. 덴멘 브러시는 빗살 뿌리에 고무판이 부착되어 있어 모발의 손상을 줄일 수 있으며 모발에 텐션과 윤기를 줄 수 있다.

덴멘 브러시

④ 스켈톤 브러시(Skelton Brush)

짧은 숏헤어에 적합하게 사용할 수 있으며 모발에 볼륨을 주고 자연스럽게 방향감을 형성하여 스타일링 할 수 있다.

스켈톤 브러시

⑤ 쿠션 브러시(Cushion Brush)

헤어스타일의 마무리 단계에 사용하는 브러시로서 몸통 자체가 탄력 있는 고무판으로 되어 있어서 완성 스타일을 표현하기에 적합하다.

쿠션 브러시

(3) 제품과 도구(product and tools)

블로 드라이 시술의 완성도를 높이기 위한 제품들은 모발을 보호하고 윤기와 광택을 부여하며 셋트력을 높이고 고정시키는 효과를 목적으로 사용된다.

① 블로 드라이 전처리 및 후처리 제품

블로 드라이 시술 시 사전처리나 완성 후에 사용하는 재료로 모발에 윤기와 광택을 주고 셋트력을 고정시키기 위해 사용되는데 모발의 타입이나 굵기에 따라서 적절한 제형의 제품을 선택하여 사용한다.

헤어 오일

헤어 로션

헤어 미스트

② 헤어 스프레이

스타일링 후 고정력을 높이기 위해 사용되는 액상 타입(liquid type)과 가스 타입(gas type), 하드 타입(hard type)과 소프트 타입(soft type) 등 다양한 제품이 개발되어 있기 때문에 사용 목적에 맞게 선택하여 사용하도록 한다.

헤어 스프레이

③ 광택 스프레이

모발에 정전기를 방지하고 윤기와 광택을 부여하기 위한 목적으로 사용되는 제품으로 고정력은 없다. 유분이 많기 때문에 너무 과다한 사용은 하지 않도록 한다.

광택 스프레이

④ 헤어 왁스

헤어 스타일의 고정력을 위한 하드 타입(hard type)과 모발에 윤기와 광택을 위한 소프트 타입(soft type)이 있다.

헤어 왁스

⑤ 각종 빗

꼬리빗을 비롯한 빗살의 간격이 넓고 좁은 다양한 사이즈의 빗은 스타일링 작업시 필요한 도구이다.

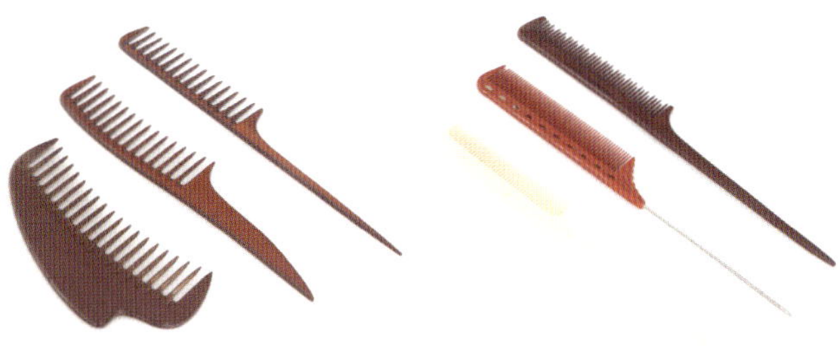

각종 빗

⑥ 핀셋

스타일링 과정에서 모발을 고정하는 역할을 하는 핀셋은 다양한 형태와 사이즈가 있으며 모량에 따라 적절하게 선택하여 사용한다.

핀셋

7) 블로 드라이 디자인 프로세스(Blow Dry Design Process)

블로 드라이 매뉴얼이 필요한 경우는 헤어 커트 후, 퍼머넌트 웨이브 스타일의 보완작업으로 활용되기도 하고, 정돈된 헤어스타일링을 필요로 하는 경우에 단일 매뉴얼로도 시술된다.

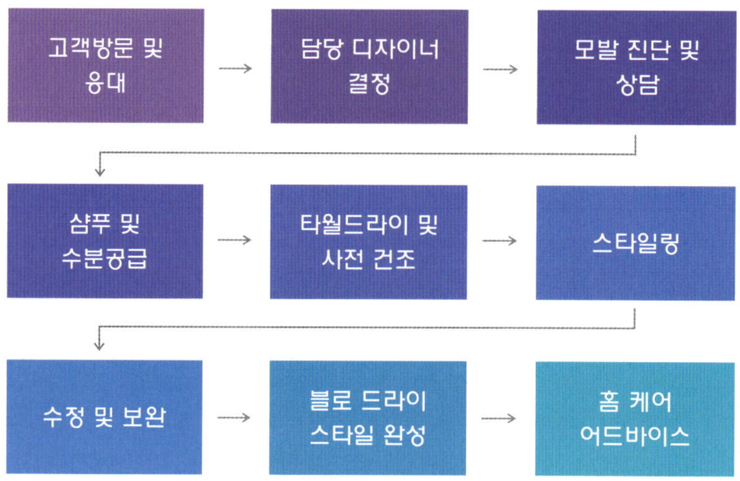

(1) 고객 방문 및 응대

블로 드라이 매뉴얼을 필요로 할 때 특별한 시간(time), 장소(place), 목적(object)이 무엇인지 확인하여야 한다. 만약 완성된 스타일이 오래동안 지속되어야하는 경우에는 세팅을 병행하거나 고정용 헤어 스타일링 제품사용을 언급해주어야 한다.

(2) 담당 디자이너 결정

기존 관리를 해오고 있는 담당 디자이너는 고객에 대한 파악이 되어 있지만 신규로 배정된 경우에는 고객에 대한 직업, 신체적 특징과 성향에 대한 정보수집이 필요하다. 매 니저가 담당 디자이너를 고객에게 결정할 때도 순번제, 경력제등의 적용 뿐 만아니라 특별한 목적에 따른 담당 디자이너 결정도 필요하다.

(3) 모발 진단과 상담

수소결합의 원리를 이용하는 블로 드라이는 모발의 건강상태와 수분함량에 따라 변화가 있을 수 있기 때문에 현재 모발에 대한 진단이 필요하다. 또한 두상의 단점과 신체적인 특징을 파악한 후 고객이 필요로 하는 것이 무엇인지 상담을 하고, 고객이 원하는 블로 드라이 스타일링을 디자인할 필요가 있다.

(4) 샴푸 및 수분 공급

고객이 원하는 완성시간을 파악하여 샴푸와 린스를 실시한다. 만약 시간적 제약을 받는다면 분무기를 이용하여 모발에 적당한 수분을 분사하여 블로 드라이 스타일링해준다.

(5) 타월 드라이 및 사전 건조

샴푸를 통해 깨끗한 모발상태에서 진행하는 것이 정확한 컬과 웨이브를 얻을 수 있다. 건열과 습열에 따라 모발손상도와 관계가 있기 때문에 샴푸 후 모발에 수분을 타월로 적당히 제거 하여 시술이 시작되어야 하며, 시술 전 핸드드라이를 통해 수분함량에 대한 조절이 필요하다.

(6) 스타일링

볼륨(volume), 컬(curl), 스트레이트(straight)의 원하는 결과를 위해서는 사전 정발제와 브러쉬, 롤의 크기를 알맞게 선정하여 스타일링하여야 한다. 큰 볼륨을 위해서는 브러쉬와 롤의 직경을 큰 것으로 사용하고, 작은 컬을 원하는 경우에는 직경이 작은 롤을 사용하여야 하며, 목적에 맞는 도구를 사용하여 완성하여야 한다.

또한 스타일링 과정 중에도 높은 열이 가해지므로 모발손상이 유발된다. 수분증발억제와 모발보호와 셋트력을 높이기 위해 미세하게 수분을 공급해주면서 스타일링하도록 한다.

(7) 블로 드라이 스타일 완성

부드럽고 자연스러운 스타일을 원하는 경우에는 손과 빗을 이용하여 빗질하여 연출해주고, 안정적이며 지속되는 고정적인 블로 드라이 스타일링이 필요한 경우에는 고정용 헤어 스타일링 제품을 이용하여 완성도를 높혀준다.

(8) 홈케어 어드바이스

블로 드라이어의 열과 헤어 스타일링 제품으로 인해 모발 손상이 발생될 수 있기 때문에 고객이 홈케어용 헤어 샴푸와 헤어 트리트먼트를 할 수 있도록 제품과 방법을 안내해준다.

8) 블로 드라이의 작업자세

양발은 어깨 넓이만큼 벌리고 한쪽 발은 앞으로 약간 내밀어 균형 잡힌 동작을 취하고, 팔 동작은 어깨 보다 높이 올라가지 않도록 하며 허리는 굽히지 않으면서 팔 동작은 움직임을 준다. 고객과 적당한 거리를 유지하며, 너무 가깝거나 떨어져 있으면 작업자세가 바르지 못하여 좋은 스타일을 만들어 낼 수 없다.

- 양발은 어깨 넓이만큼 균형 잡힌 동작이어야 한다.
- 팔 동작은 어깨 넓이만큼 벌려 균형 잡힌 동작이어야 한다.
- 팔 동작은 어깨 높이 보다 올라가지 않도록 한다.
- 허리는 굽히지 말아야 한다.
- 고객에게 불편을 주지 않도록 드라이기 전선을 처리해야 한다.

핸드 드라이어 올바르게 잡는 방법 - 좋은 예

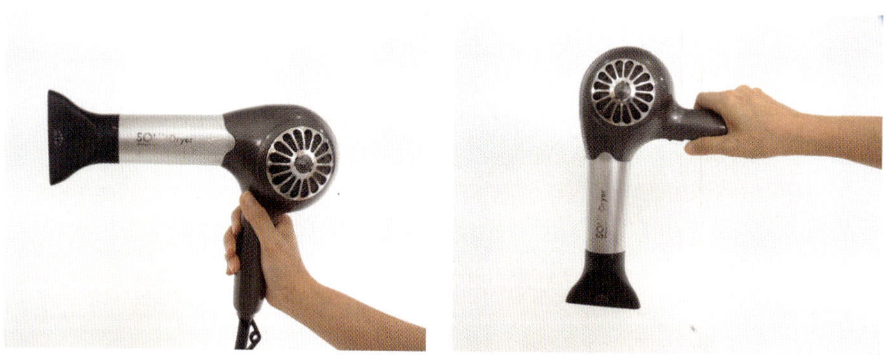

손목이 꺾인 상태 - 나쁜 예

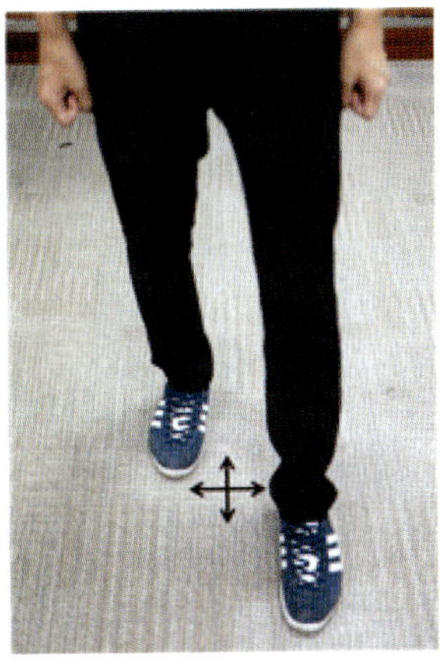 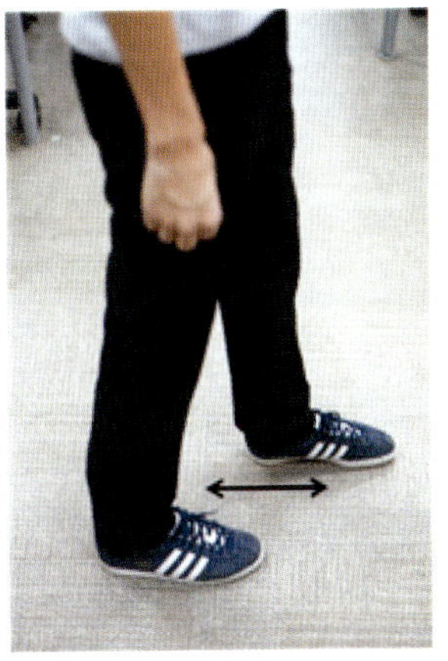

어깨넓이만큼 보폭을 유지하여 안정적인 자세를 취한다.

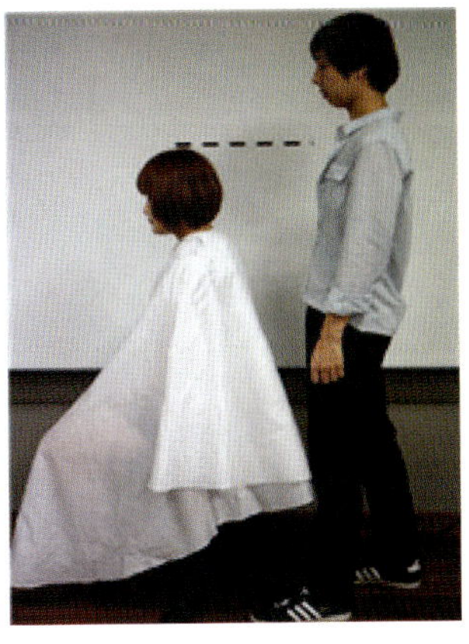 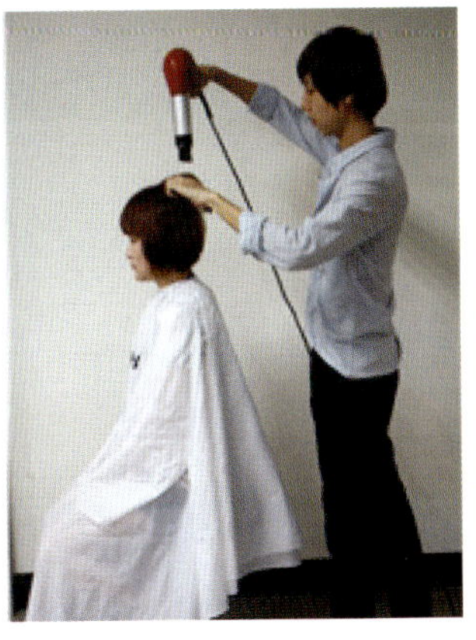 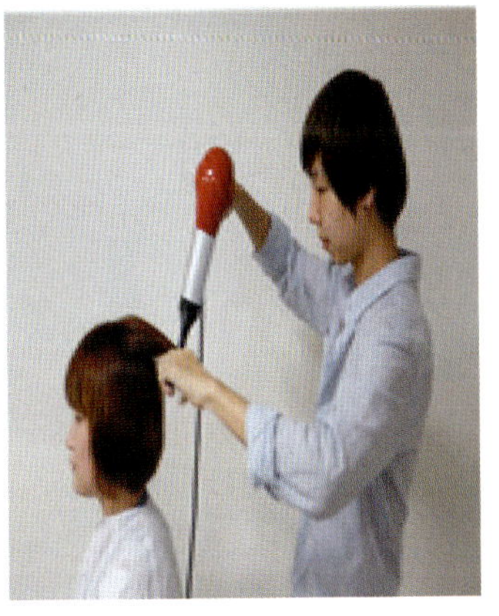

고객과의 거리를 유지해주고 시술자의 심장높이 위에 있도록 한다.

9) 블로 드라이 작업 시 주의사항

① 뜨거운 열이 모발과 두피에 직접적으로 닿지 않도록 주의한다. 열로 인해 모발의 큐티클을 손상시킬 수 있고, 두피에 화상을 입을 수 있기 때문에 브러쉬에서 0.5~1cm정도 띄워서 작업하는 것이 좋다.

② 고객의 요구를 최대한 충족하는 헤어스타일을 결정한다. 동일한 C컬을 낸다고 하더라도 두상부위에 따라 달라지고 C컬을 어떤 방향으로 빼느냐에 따라 웨이브의 흐름이 다르다. 작업 시 항상 고객과 대화를 통해 원하는 헤어스타일을 연출해야 한다.

③ 드라이어의 열풍이 두피에 닿아 뜨겁지 않도록 조심한다. (헤어라인과 귀 부분에 화상주의)

④ 모발은 미리 깨끗이 샴푸해야 한다. 때나 먼지, 이물질을 제거하고 모류방향을 열풍으로 잡아주어야 정확한 결과를 얻을 수 있기 때문이다.

⑤ 모발의 수분의 양은 10~20% 상태에서 시술한다. 모발에 수분이 너무 많이 남으면 열풍을 가할 때 수분에 열이 전달되어 모발에 손상을 줄 수 있기 때문이다(모발손상 방지와 시술 후 윤기를 주기 위함).

⑥ 장시간 열을 가할 경우에는 정전기가 일어나며 원하는 스타일이 나오지 않고 모발의 윤기를 잃게 된다.

⑦ 바른 자세로 시술한다. 어깨선과 브러쉬가 수평이 되게 시술하고 동작이 크고 확실하게 하여 고객으로 하여금 신뢰를 얻어야 한다.

⑧ 헤어스타일링 제품을 잘 선택하여 연출해야 한다.

2. 헤어 마샬 아이론의 개요

1) 헤어 마샬 아이론의 정의와 목적

헤어 마샬 아이론은 헤어스타일의 일시적인 변형을 위한 도구로서, 빠른 시간 내에 작업하여 원하는 헤어스타일로 연출할 수 있다. 1875년 마셀 그라또우(Marcel Grateau)에 의해 소개된 컬링 아이론은 가장 최초의 아이론으로서 마셀 아이론 또는 라운드 아이론이라는 명칭으로 현재까지도 가장 많이 사용되는 도구이다.

아이론은 둥근형태에서 점차적으로 발전하여 열판이 납작한 형태나, 볼륨을 줄 수있는 반 원 형태로 발전하여왔다. 모든 아이론은 마른 모발에 시술되어야 하며 모발의 길이나 상태, 연출하고자 하는 디자인에 따라 다양한 종류와 사이즈의 아이론을 선택하여 사용할 수 있다.

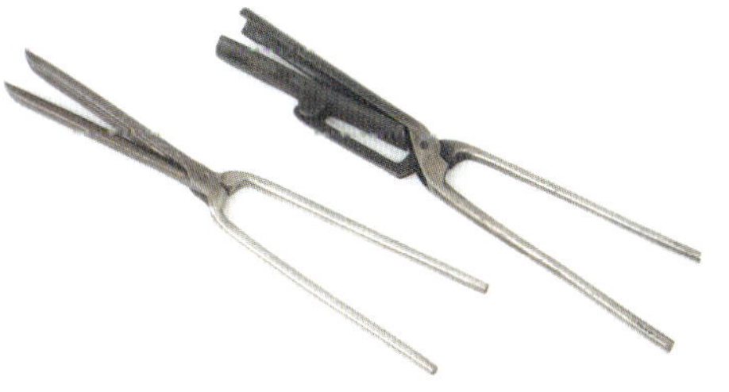

(1) 아이론의 구조

라운드 아이론은 크게 그루브(groove, shell), 로드(rod, barrel, prong), 그루브 핸들(groove handle), 로드 핸들(rod handle)로 구성되어 있고 그밖에 온도조절장치(thermostat)와 스위치(switch) 등이 있다.

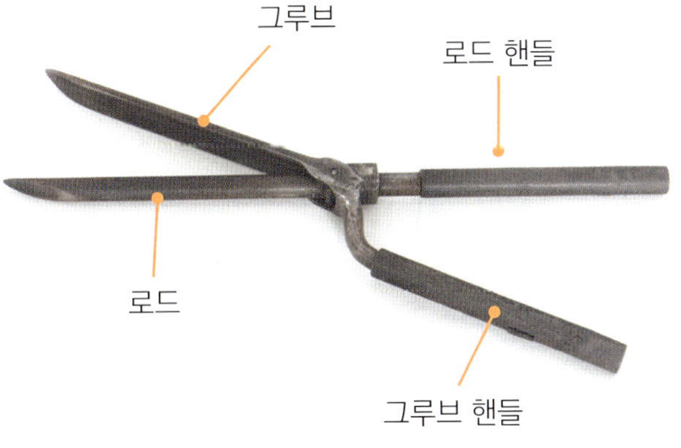

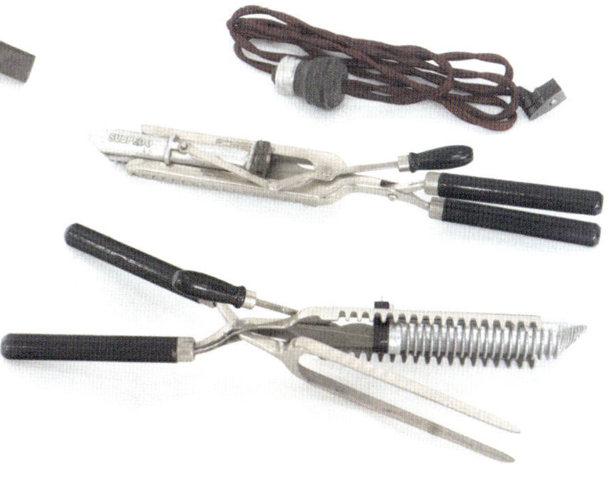

(2) 아이론의 종류

현재 살롱에서 사용되는 아이론은 크게 플랫 아이론(flat iron)과 라운드 아이론(round iron)으로 나눌 수 있으며 그 밖에도 클림핑 아이론, 브러시형 아이론 등 다양한 재질과 기능을 가진 아이론이 존재한다. 컬링아이론이라고도 불리는 라운드형 아이론은 가장 흔하게 사용되고 있는 아이론으로서 쉽고 빠르게 컬과 웨이브를 형성할 수 있으며 납작한 판 형태의 플랫아이론 역시 모발에 여러 가지 질감을 표현하거나 헤어스타일의 완성을 높이기 위하여 사용되고 있다.

아이론이 처음 사용되었을 시기에는 화열식(stove) 아이론을 사용하였는데 스토브에 아이론을 넣어서 열을 가한 다음 젖은 수건이나 신문지 위에서 적절한 온도로 식힌 후에 원하는 스타일로 연출하였다. 현대에는 전열식 아이론을 더 많이 사용하고 있으며 전기를 이용하여 열판을 달구고 온도조절장치를 이용하여 원하는 온도를 선택하여 사용하므로 모발의 손상을 최소화 하며 간편하게 사용이 가능하다.

스토브와 아이론

화열식
아이론

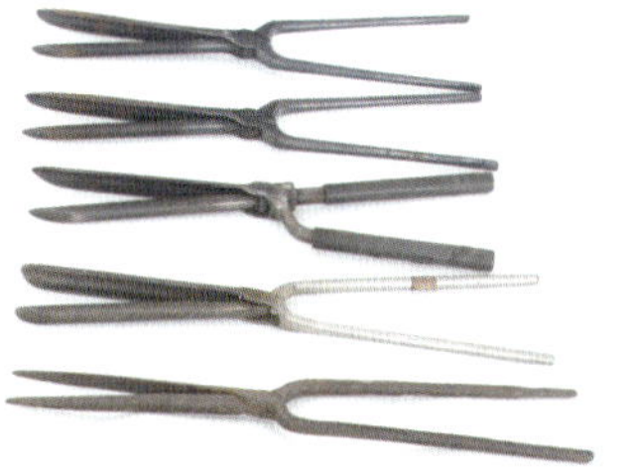

화열식 아이론

전열식 아이론	라운드 아이론	
	플랫 아이론	
	클림핑 아이론	
	브러시형 아이론	
	하프 라운드 아이론	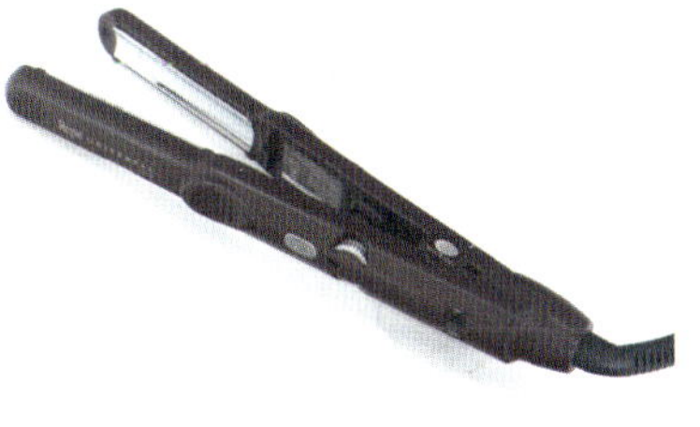

(3) 아이론의 사용방법

가장 안전하게 아이론을 잡는 방법은 편안하고 조절이 편리한지에 따라 판단할 수 있다. 사용하는 디자이너에 따라 편안함을 느끼는 것은 다를 수 있으나 일반적으로 새끼손가락이나 약지손가락(네 번째 손가락)을 사용하여 아이론을 오픈하거나 닫을 수 있다. 아이론을 잡거나 사용하는 방법이 미숙할 경우에는 전원을 켜지 않은 상태에서 아이론 사용법을 연습하는 것이 안전하다.

아이론을 닫을 때

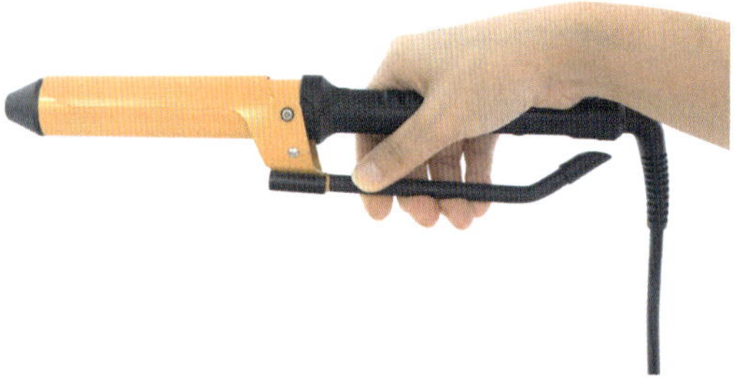

아이론을 열 때

새끼손가락 이용

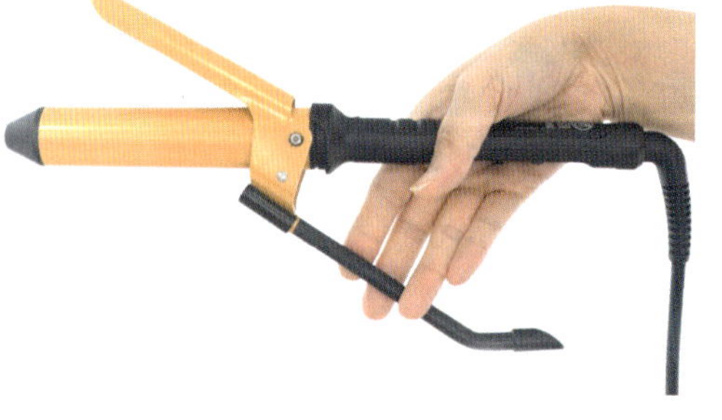

약지손가락 이용

2) 라운드 아이론의 다양한 테크닉

(1) Base to ends

이 테크닉은 아이론이 처음 위치하는 곳이 베이스에서 약간 떨어진 곳이다. 베이스에서 살짝 떨어진 곳에 아이론을 위치한 다음 아이론을 회전하면서 패널을 함께 회전하여 모발의 베이스에서부터 끝까지 와인딩하는 테크닉이다. 베이스 부분에 볼륨형성을 할 때 주로 사용할 수 있다.

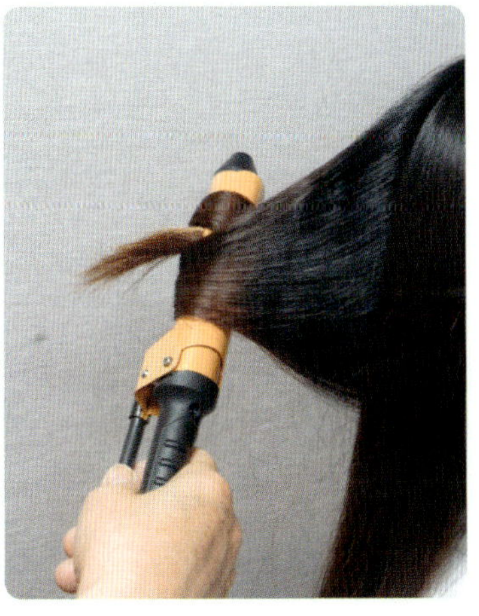

(2) Ends to base

이 테크닉은 아이론을 모발의 끝에 위치하여 점차적으로 베이스를 향하여 아이론을 회전하면서 모발을 와인딩하는 기법이다. 이러한 방법을 이용하면 베이스보다 모발의 끝부분의 컬을 더 강하게 연출할 수 있다.

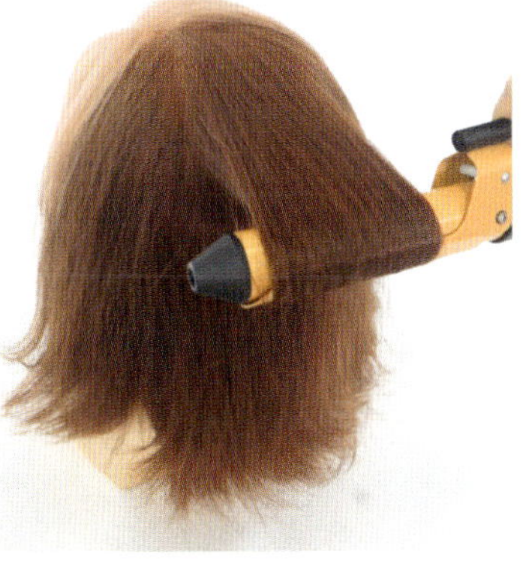

(3) Ends technique

이 테크닉은 오로지 모발의 끝부분만 컬을 형성하고자 할 때 사용할 수 있으며, 볼륨의 형태보다 인텐테이션(겉말음, 아웃컬)의 효과를 낼 때 주로 사용할 수 있다.

(4) Marcel technique

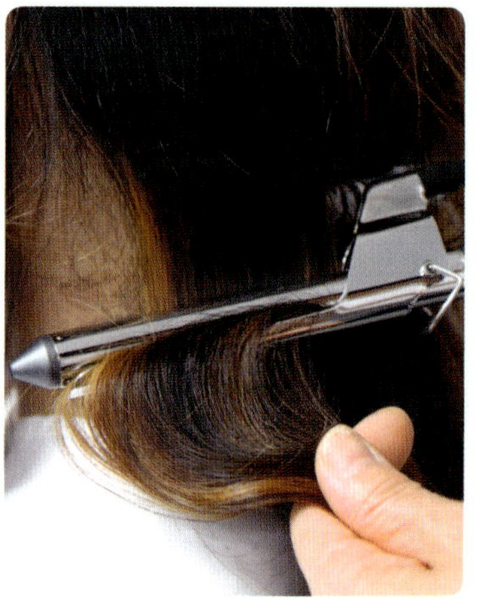

이 테크닉은 마셀 웨이브나 교차하는 웨이브를 형성하고자 할 때 사용이 가능하다. 아이론의 그루브를 패널의 아래쪽에 위치하고 빗을 이용하여 방향성을 만들어낼 수 있다.

(5) Spiral technique

이 테크닉은 아이론을 세로나 사선으로 위치하여 컬을 형성하는 방법으로 베이스나 모발의 끝 어느 부분에서나 시작할 수 있다. 이 기법을 통하여 균등한 컬을 연출할 수 있다.

3) 아이론 시술 시 주의사항

전열식 아이론을 사용할 때는 젖은 손으로 플러그를 만져서는 안 되며 사용 전후 전원의 on/off 상태를 확인하는 것이 중요하다. 사용 후 전원을 off한 상태에서도 로드와 그루브에 열이 남아있을 수 있으므로 절대로 손가락이나 손을 이용하여 온도를 확인하거나 코 가까이에 아이론을 대고 냄새를 이용하여 열의 온도를 확인하는 것은 금물이다. 손이나 손가락을 아이론에 직접적으로 터치하는 것보다 아이론 근처에 손을 가져가서 온도를 측정하는 것이 적절한 방법이다.

적절한 온도 체크방법

부적절한 온도 체크방법

화열식 아이론을 사용할 때는 스토브에서 아이론을 꺼내어 바로 모발에 시술할 경우 모발의 손상도가 심해질 수 있다. 그러므로 반드시 아이론을 종이타월이나 젖은 수건에 대거나 손잡이를 잡고 아이론을 회전하는 방법을 통하여 열을 적절한 온도로 식힌 다음 스타일을 연출한다. 아이론을 회전하여 온도를 확인할 때는 손으로 로드 핸들을 잡고 회전하다가 떨어뜨리는 등의 안전에 유의해야 한다. 종이타월로 온도를 확인할 때는 황갈색이 나타날 때 아이론이 과열된 것이므로 열을 식혀야 하며 종이타월에 색이 나타나지 않을 때가 적절한 온도이다.

온도 체크방법

종이타월

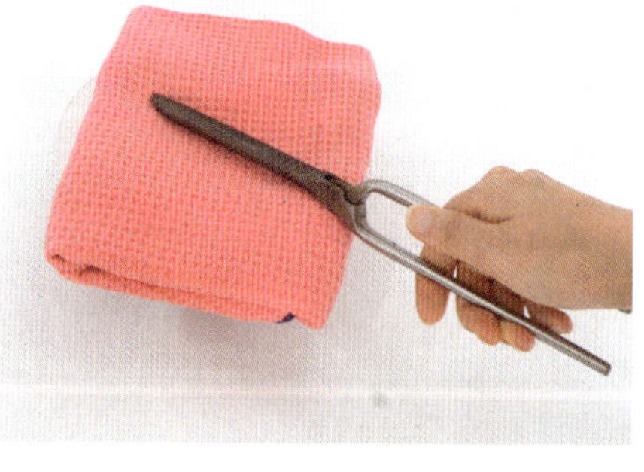

젖은 수건

아이론 회전하기

모발의 손상정도에 따라 아이론의 온도를 적절히 조절하여 사용한다. 일반적으로 180도 내외에서 시술하나, 극 손상모나 화학적 처리가 된 모발의 경우에는 낮은 온도로 시술하기를 권장한다.

3. 베이직 테크닉

1) 모발 볼륨

(1) 덴멘 브러시를 이용한 모발 볼륨

1

2

3

4

5

6

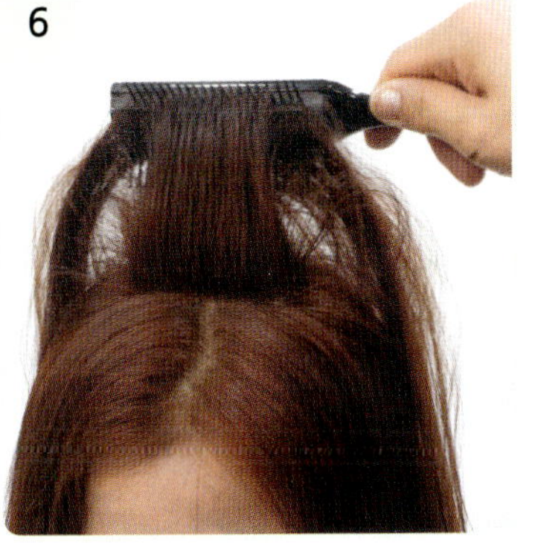

1 브러시의 한 쪽 빗살을 볼륨을 살리고자 하는 부위에 놓는다.
2 브러시를 볼륨을 살리고자 하는 반대방향으로 보내면서 모발을 빗살에 걸어준다.
3 빗살에 모발이 균등하게 걸린 것을 확인한다.
4 브러시를 두상과 평평하게 하면서 볼륨을 만들고자 하는 방향으로 브러시를 이동하여 볼륨을 만들어준다.
5 원하는 볼륨의 높이만큼 브러시를 빼면서 볼륨을 형성한다.
6 브러시를 서서히 모발로부터 제거한다.

(2) 롤 브러시를 이용한 각도에 따른 모발 볼륨

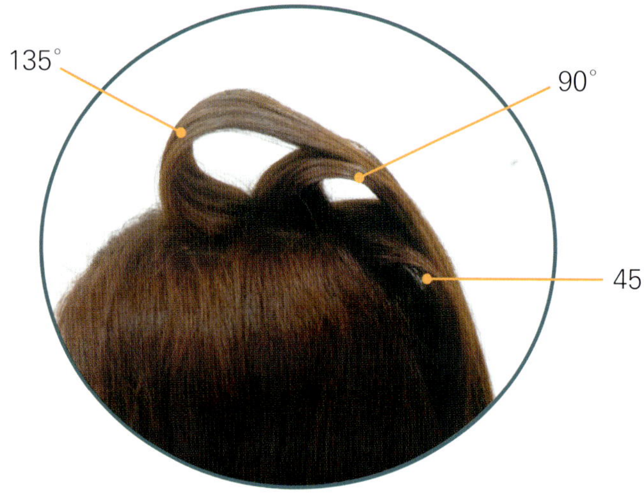

135°

90°

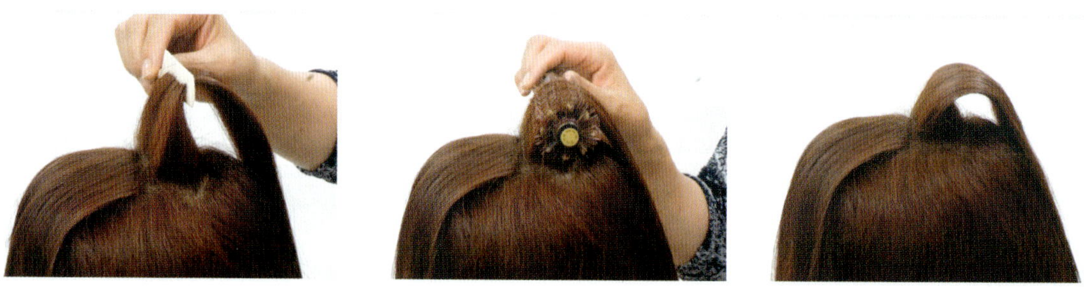

45°

2) 포워드 컬

모발의 끝을 얼굴 반대방향으로 보내어 컬을 롤링하면 포워드 컬을 형성할 수 있다.

3) 리버스 컬

모발의 끝을 얼굴 쪽을 향하여 컬을 롤링하면 리버스 컬을 형성할 수 있다.

4) 연속 웨이브 컬

모발을 왼쪽과 오른쪽으로 교대하여 한 번씩 회전하면서 모발 끝을 가운데 오도록 하여 마샬테크닉으로 마무리하면 연속 웨이브 컬을 완성할 수 있다.

5) 안말음

모발을 한 바퀴에서 한 바퀴 반정도 롤 브러시에 회전하여 열을 가하면 안말음의 c컬을 형성할 수 있다.

6) 겉말음

패널의 위쪽에 브러시를 넣어 한 바퀴에서 한 바퀴 반 회전하여 겉말음 형태를 완성할 수 있다.

Part 2

1. 블로 드라이어(Blow dryer)

1) 미디움 헤어 - 스트레이트

Before

After

1 백센터의 네이프부터 작업을 시작한다. 모류의 방향을 잡아주어야 한다.

2, 3 덴멘 브러시를 이용하여 두피부분에서부터 서서히 브러시를 회전하면서 드라이한다. 이때 덴멘 브러시와 드라이어는 2~3cm 간격을 두어 이동하면서 진행하여야 한다.

Tip

덴멘 브러시를 사용하여 볼륨을 주고자 할 때는 브러시의 가장자리 부분을 두피에 90도로 밀착하여 회전하면서 모발이 브러시에 걸리도록 텐션을 주어 끌어당겨야 한다.

4, 5, 6, 7 덴멘 브러시의 빗살로 모발을 텐션감있게 잡아주면서 모발 끝까지 천천히 뜸을 들이면서 드라이한다. 이때 뜨거운 바람이 두피에 닿지 않도록 주의 하여야 한다.

8

9

Tip

덴멘 브러시로 블로 드라이를 할때는 모발에 10~20%의 수분이 있는 상태에서 드라이를 진행 하여야 한다.
수분이 있는 상태에서 드라이를 진행하게 되면 모발의 윤기와 탄력을 줄 수 있다.

10
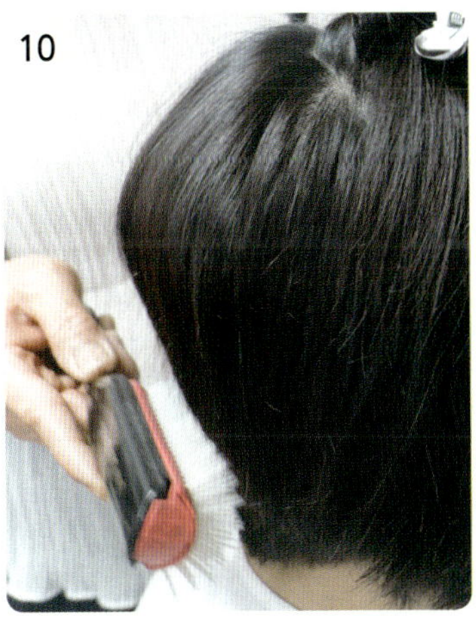
11
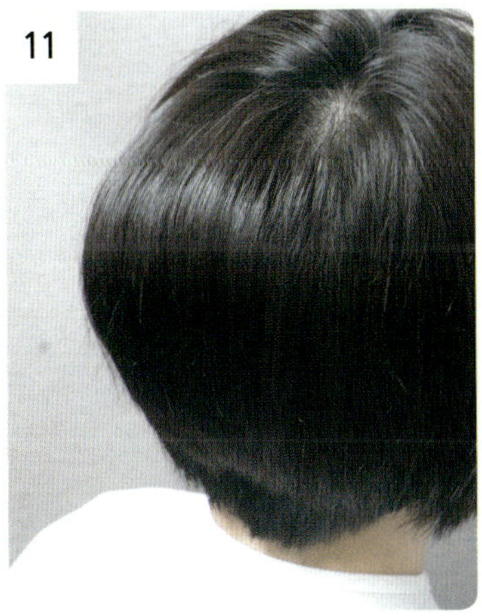

8, 9, 10, 11 두상의 곡면에 따라 크레스트 지역에서부터 뿌리 볼륨을 90도 직각으로 살려 모발에 텐션을 주면서 진행한다.

12
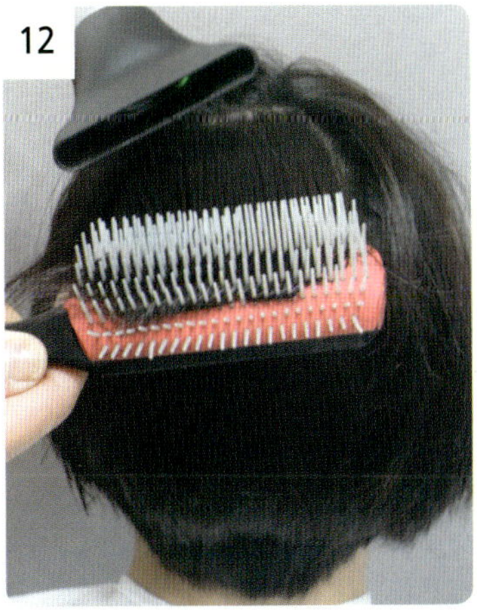
13
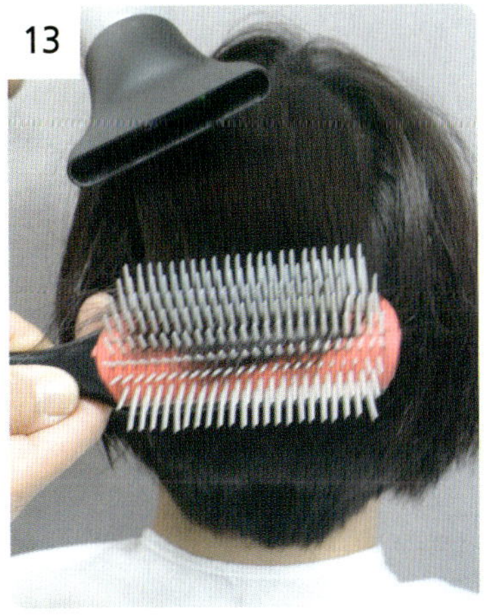

12, 13 모발의 끝부분까지 텐션을 조절하며 처리하도록 한다.

14

15

16

14, 15, 16 덴멘 브러시의 빗살로 모발을 텐션감있게 잡아주고 드라이는 브러시와 평행하게 위치하여 모발의 끝 부분까지 윤기있게 열처리 하여야 한다.

17

18

Tip

모발이 건조한 상태에서는 덴멘 브러시에 가볍게 물을 분사한 상태에서 드라이를 진행하게 되면 모발에 윤기와 탄력을 줄 수있다.

19

17, 18, 19 전두부 이어 사이드 부분은 두상의 형태에 따라 뿌리에 볼륨감을 형성해 주고 덴멘 브러시의 넓은 부분에 열이 전달 될 수 있도록 천천히 끝부분까지 진행한다.

20

21

22

20, 21, 22 오른쪽 이어 사이드도 뿌리에 볼륨감을 주면서 모발의 끝부분이 매끈하게 처리되도록 한다.

23

24

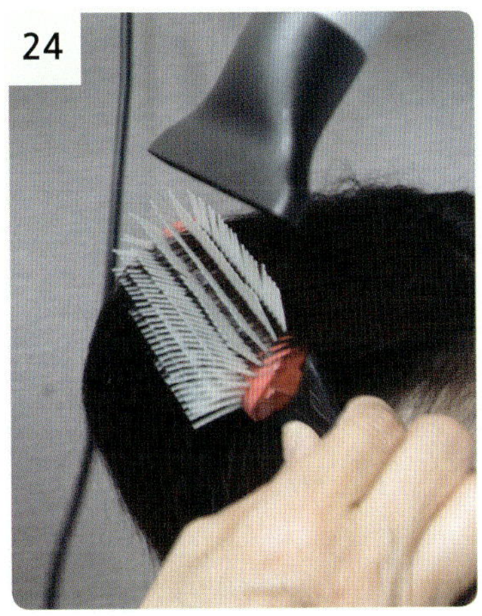

Tip

짧은 단발의 보브스타일은 라운드 형태의 돈모브러시나 금속성 브러시를 사용하는 것 보다는 덴멘브러시를 사용하는 것이 모발이 윤기있고 탄력이 있으며 헤어스타일링 하기가 쉽다.

25

23, 24, 25 두상의 프린지 부분역시 같은 방법으로 텐션을 주어 모발의 표면이 윤기있게 찰랑거리도록 열과 습도를 조절하여야 한다. 드라이와 브러시를 교차하여 모발을 컨트롤 할 수 있다.

2) 미디움 헤어 - 안말음

Before

After

1

2

Tip

모발의 패널과 드라이 노즐 부분은 1-2cm정도 공간을 두어 열이 노즐 밖으로 빠져나올 수 있도록 작업한다. 모발의 손상을 줄이고 드라이어의 수명을 연장시킬 수 있다.

1 탑을 중심으로 이어 투 이어, 백은 3등분하여 섹션을 나눈다.
2 돈모 롤 브러시를 이용하여 안말음 드라이를 시작한다. 백 센터에서 3센티정도 파팅을 뜬 후 두상의 뿌리부분에서부터 일자로 가볍게 훑어준 다음 1/2지점에서 안말음하여 열을 준 다음 롤 브러시를 제거한다.

3

4

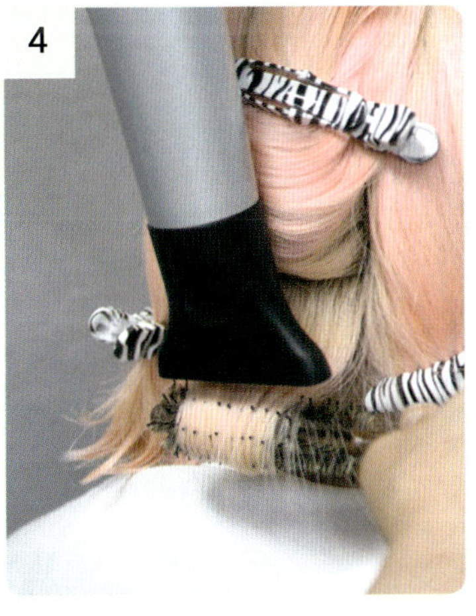

5

3, 4, 5 모발의 1/2지점에서 롤 브러시를 한 바퀴 반 회선하고 열을 가한다. 모발을 식혔다가 다시 뜨거운 바람을 교대하며 뜸을 들인 후 브러시를 제거한다.

6

7

8

6, 7, 8 백 포인트부터는 전체모발 길이의 1/3지점에서 안쪽으로 모발을 구부려 열을 준다.

9

10
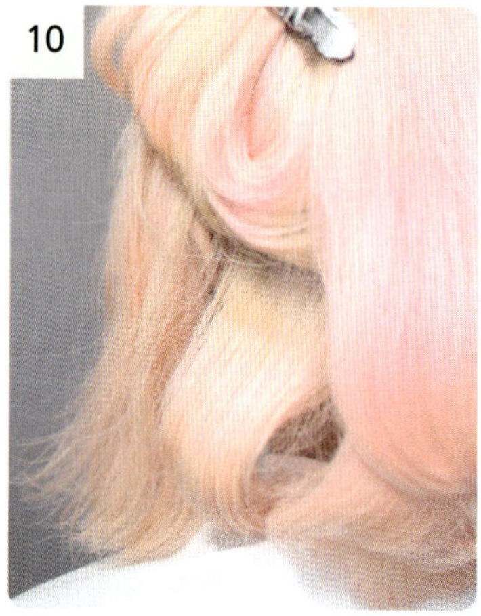

11

12

Tip

짧은 단발 머리의 경우 네이프에서 백까지의 머리는 짧기 때문에 형태선을 만들어 볼륨을 주고 싶을때는 전체길이의 1/2선에서 텐션을 주어 볼륨을 주는 것이 좋다.

백에서 탑으로 진행하면서 모발이 길어지면 1/3 지점에서 텐션을 주고 볼륨을 주어 스타일링 한다.

9, 10, 11, 12 후두부 왼쪽 사이드 첫 번째 단은 두피쪽에서부터 가볍게 훑어준 다음 1/2지점에서 안말음을 해준다.

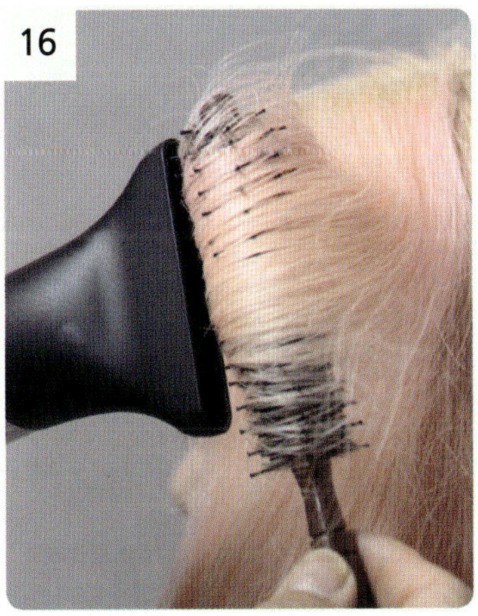

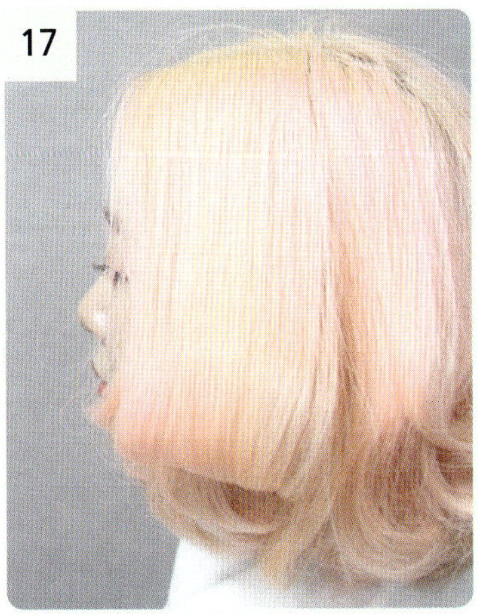

13, 14, 15, 16, 17 전두부 이어 사이드 부분 역시 1/3지점에서 가로로 슬라이스하여 와인딩 한 다음 열처리하고 식힌 후 세로로 방향을 바꾸어 다시 한 번 열처리하여 뜸을 들인 다음 롤 브러시를 제거한다.

18, 19, 20 후두부 오른쪽 사이드 부분도 모발 끝에서 롤 브러시를 한바퀴 반 회전하여 브러시의 위, 아래에서 드라이 열을 가한다. 끝부분의 모발이 윤기있도록 텐션을 주면서 진행한다.

21, 22, 23 두피의 뿌리부분에 볼륨을 준 다음 1/3지점에서 뜸을 들인 후 스타일을 완성 시킨다.

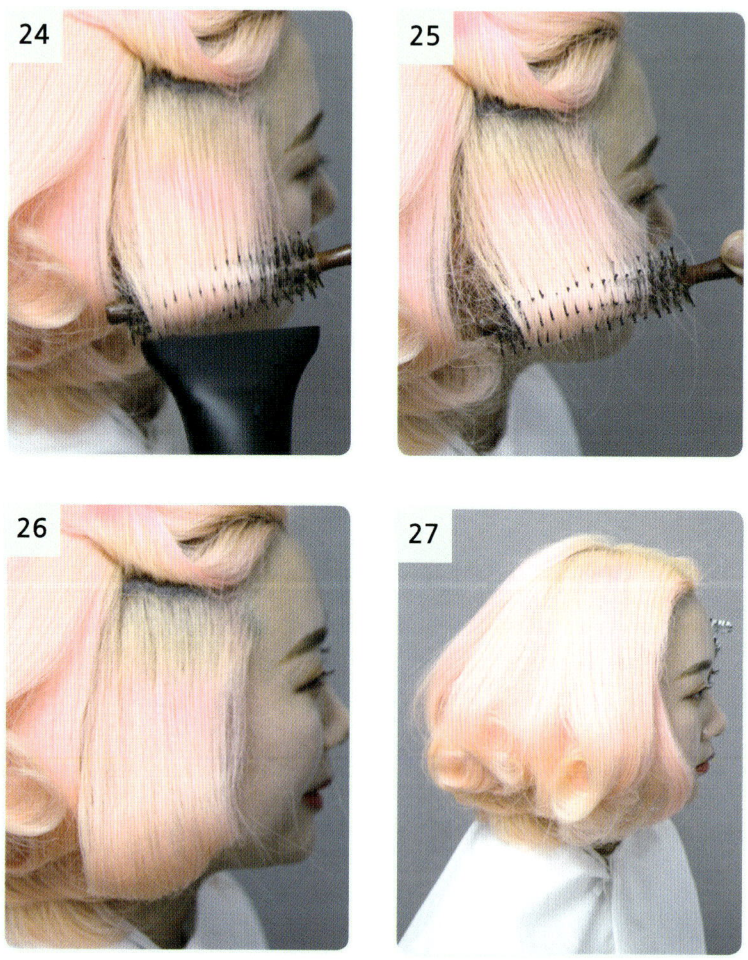

Tip

드라이 진행시 모발 수분이 건조되어 수분이 필요할 때는 두상의 모발에 물을 직접적으로 뿌리는 것보다 롤 브러시에 물을 살짝 분무하여 수분을 공급하도록 한다.

14, 15, 16, 17 전두부 오른쪽 이어 사이드 부분은 전체 판넬의 1/3지점에서 롤 브러시로 텐션을 조절해 주면서 진행해 나간다.

3) 미디움 헤어 - 겉말음

Before

After

1

2

1 탑을 중심으로 이어 투 이어, 백은 3등분하여 섹션을 나눈다.
2 네이프의 센터에서 작업을 시작한다. 자연 시술각에서 롤 브러시를 한바퀴 반 아웃컬 방향으로 회전한다.

3

4

2, 3 롤 브러시의 윗부분과 아래쪽 부분에 반복하여 열을 가한다. 드라이와 롤 브러시는 평행한 상태를 유지하고 모발의 끝부분까지 회전을 반복하면서 스타일링 한다.

5

6

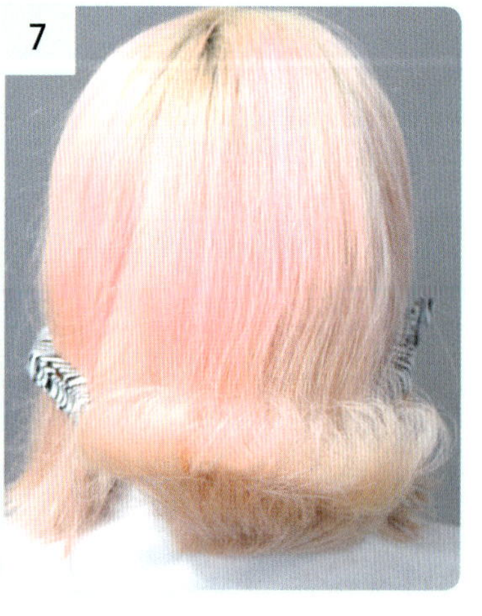
7

5, 6, 7 백부분에서 탑부분까지 뿌리부분은 낮은시술각으로 볼륨을 준 다음 1/3지점에서 겉말음으로 텐션을 주며 롤 브러시를 제거한다.

8

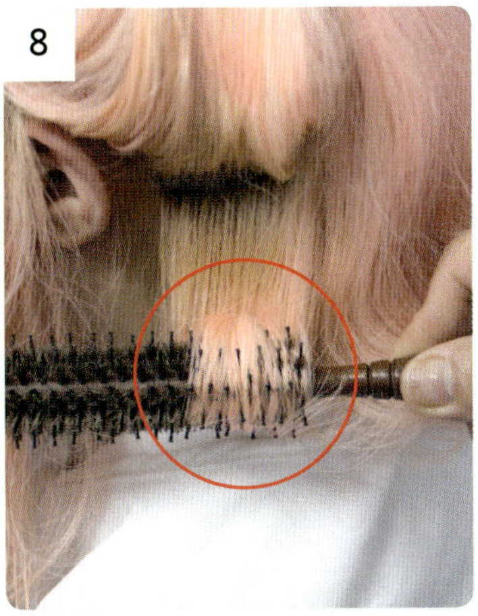

8 왼쪽 네이프 코너는 롤 브러시의 안쪽지점에서 라운딩하여 드라이 해 주어야 네이프 센터쪽에 완성된 모발을 건드리지 않고 작업을 할 수 있다. 이미 드라이가 된 백 센터의 모발에 영향을 주지 않는다.

9

10

11

12

9, 10, 11, 12 모발의 끝부분에 텐션을 주면서 뜸을 들이고 천천히 롤 브러시를 제거한다.

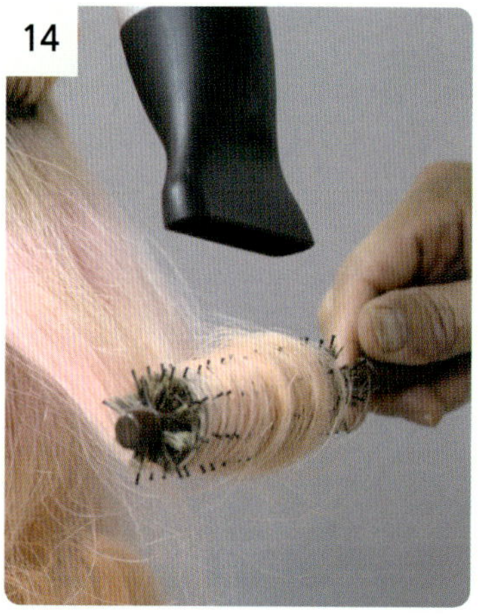

13, 14 겉말음 하여 열 처리 하면서 스타일링 한다.

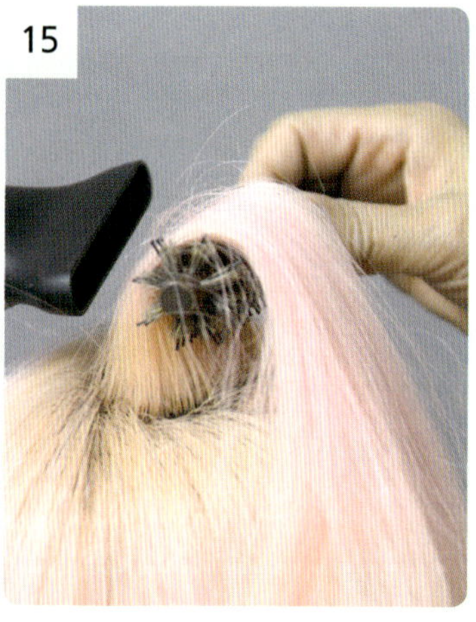

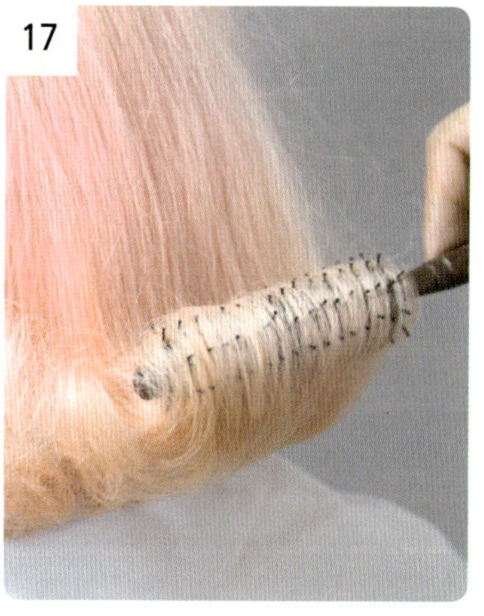

15 탑부분은 두피의 뿌리부분을 90도 직각으로 끌어올려 열처리 하면서 볼륨을 형성한다.

16, 17 브러시에 낮은시술각으로 모발을 감아서 아웃 컬로 충분히 열을 가한 다음에 드라이를 떼고 잠시 열을 식힌 후 롤 브러시를 제거한다.

18

19

20

21

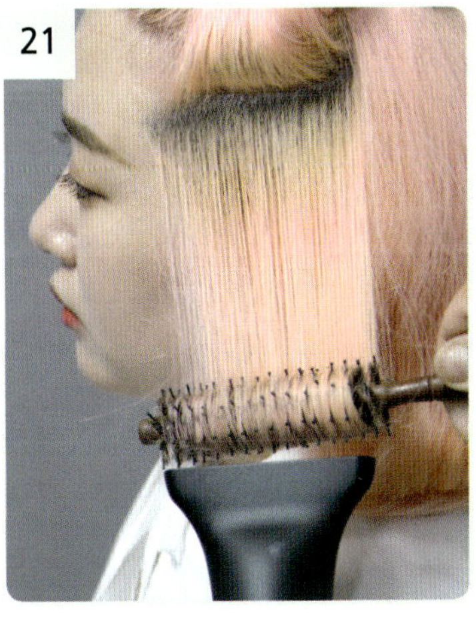

22

18, 19, 20, 21, 22 전두부 오른쪽 이어 사이드는 후대각으로 파팅을 떠서 겉말음으로 드라이한다.

23

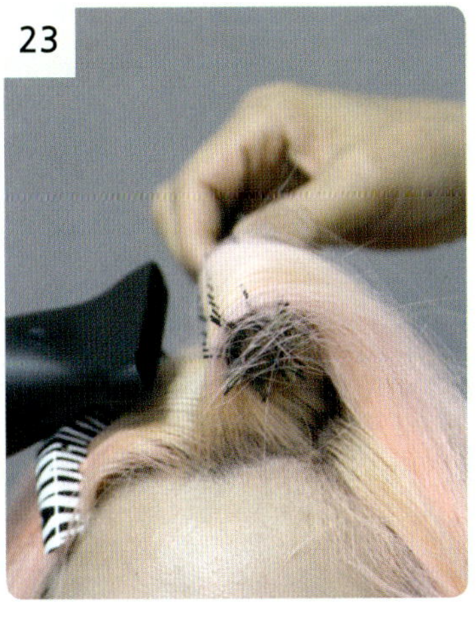

23 프린지는 볼륨드라이 한 후 자연시술각으로 모발의 각도를 유지하면서 아웃컬로 드라이하고 롤 브러시를 제거한다.

4) 롱헤어 - 스트레이트

Before

After

1 탑을 중심으로 이어 투 이어로 2등분하고, 백은 3등분하여 섹션을 나눈다.

2, 3 후두부 왼쪽 사이드부터 작업을 시작한다. 두피 가까이 모발을 텐션감있게 롤 브러시 위에 얹고, 롤을 반 바퀴정도 회전하면서 모발의 끝까지 뜸을 들이며 스트레이트 형태로 드라이한다.

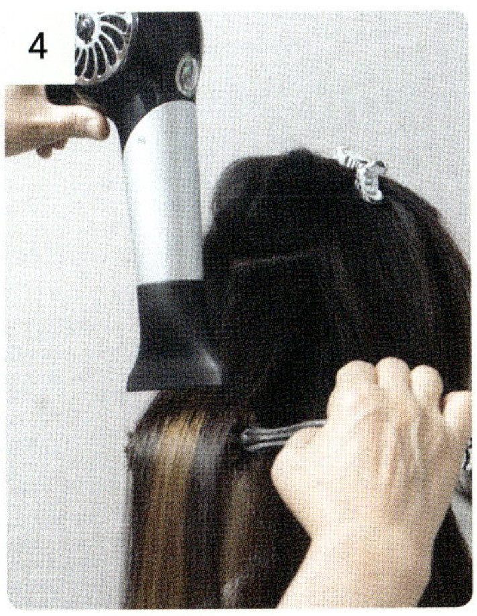

4, 5 모발의 뿌리부분부터 전체적으로 동일한 열이 전달될 수 있도록 유의하면서 작업을 진행한다.

6 크레스트지역에서 탑 부분까지는 뿌리에 볼륨을 살리면서 드라이한다.

7

8

Tip

모발을 탄력이고 윤기있게 하기위해서는 수분과 열의 온도가 일치가 되어야 한다. 브러싱을 반복하게 되면 모발에 정전기가 발생할 수 있으며 머리카락이 더 푸석거리게 될 우려가 있다. 2-3cm 정도의 패널을 뜬 다음 천천히 뜸을 들이면서 1-2회 훑어준다.

9

10

7, 8, 9, 10 전두부 왼쪽 이어 사이드 부분도 뿌리를 살려가며 자연시술각으로 천천히 뜸을 들인다.

11

12

13

11, 12 드라이어와 롤 브러시는 평행을 유지하고 드라이어의 노즐이 모발이 직접 닿지 않도록 유의한다.
13 긴 머리의 드라이 작업 중에는 드라이어의 몸체를 지지대로 이용하여 모발을 정리할 수 있다.

14, 15, 16 모발의 끝부분이 거칠어지지 않도록 일정한 온도를 유지하여뜸을 잘 들인다음 롤 브러시를 천천히 제거한다.

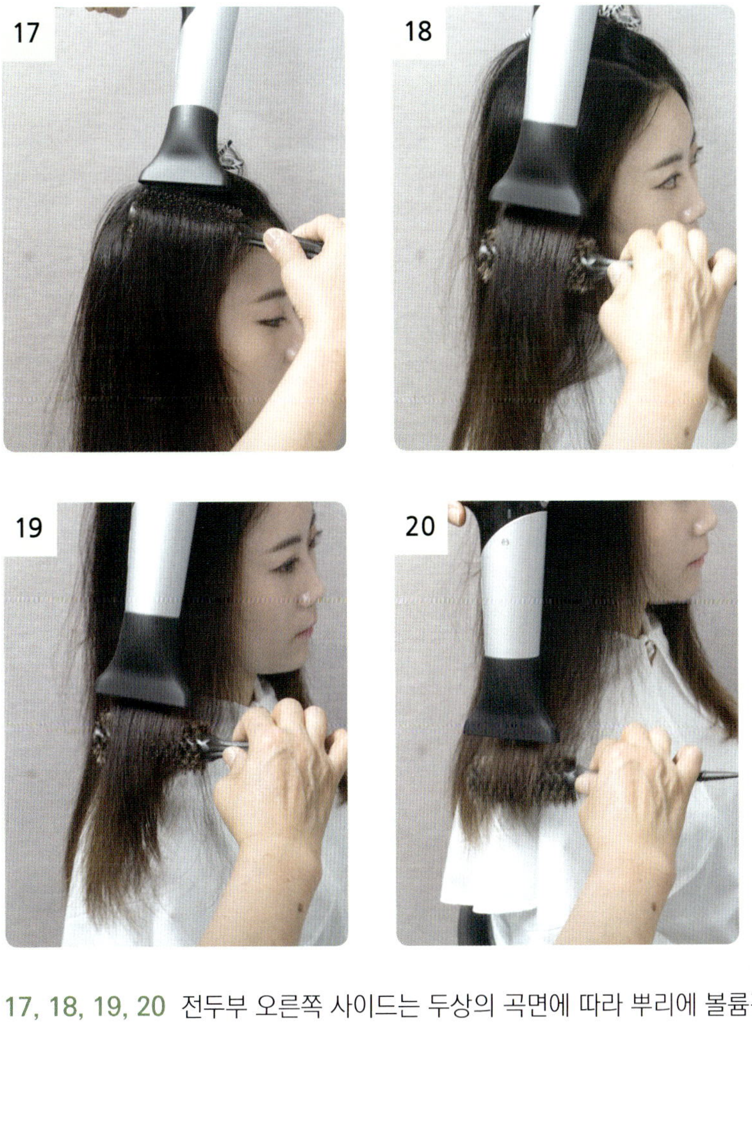

17, 18, 19, 20 전두부 오른쪽 사이드는 두상의 곡면에 따라 뿌리에 볼륨감을 주며 진행한다.

5) 롱헤어 - C컬 안말음

Before

After

1

2

1 탑을 중심으로 이어 투 이어로 2등분하고, 백은 3등분하여 섹션을 나눈다.
2 라운드 롤 브러시를 이용하여 전체적으로 한 번 윤기 있게 훑어준다.

3

4

5

3, 4, 5 모발의 끝에서부터 한 바퀴 반을 롤 브러시에 회전한 후 열을 가한다. 뜸이 들때까지 1-2초 정도 기다린 다. 천천히 롤 브러시를 제거한다.

6

7

8

9

6, 7, 8, 9 구부러진 모류들을 잘 펴주어야만 모발 끝부분의 C컬 형태가 유지될 수 있다.

10

11

Tip

두상의 곡면에 따라 모류의 방향을 일정하게 잡아주지 않으면 원하는 스타일이 방향대로 고정이 되지 않아 스타일하기가 어렵다.

12

13

10, 11, 12, 13 후두부 왼쪽 사이드 부분도 같은 방법으로 진행한다. 롤 브러시에 모발의 끝부분을 와인딩한 후 브러시의 위 부분과 아래 부분에서 열을 가하여 탄력있는 C컬의 웨이브를 얻을 수 있다.

14

15

14, 15 드라이로 열을 가한 후에는 반드시 뜸을 들인 다음 열을 식혀서 롤 브러시를 제거한다.

16

17

18

19

16, 17, 18, 19 같은 방법으로 진행한다. 긴 모발의 경우 드라이어의 몸체를 이용하여 모발을 조절할 수 있다.

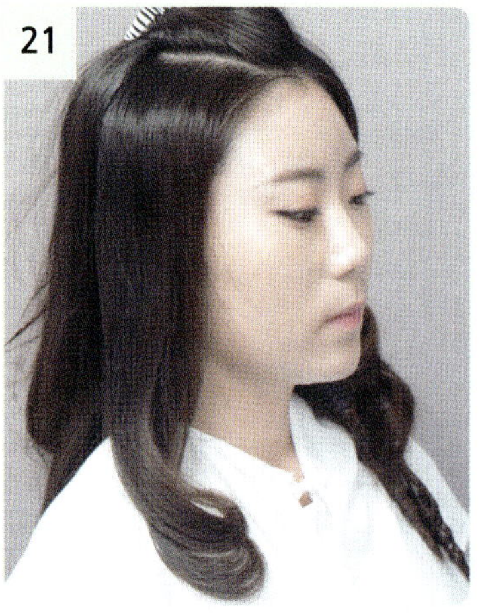

20, 21 오른쪽 사이드부분도 두상의 곡면에 따라 뿌리에 볼륨을 주면서 얼굴 쪽으로 자연스러운 C컬의 형태로 만들어 간다.

22, 23, 24 탑과 프린지 부분은 뿌리의 볼륨을 조절하면서 자연스러운 C컬을 만든다.

6) 롱헤어 - S컬

Before

After

1 5등분으로 섹션을 나눈다.
2 왼쪽 백 네이프부터 작업한다. 드라이어와 롤 브러시를 이용하여 전체적으로 한 번 훑어준다.
3 모발의 끝에서 약 10~15cm 부분에서 롤 브러시에 모발을 한 바퀴 회전한다. 이때, 모발의 끝은 얼굴을 향하여 보내준다.

4, 5 모발의 끝을 롤 브러시에 감아서 드라이어로 열을 가한다. 이때, 드라이어의 노즐과 롤 브러시의 간격은 2~3cm정도로 유지하고 평행하게 유지한다.

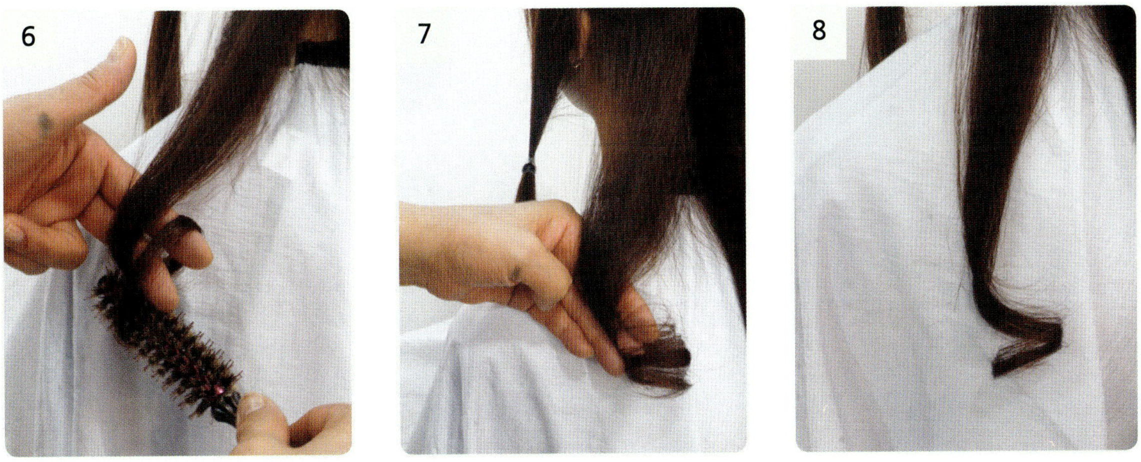

6 손가락에 모발을 감으면서 롤 브러시를 제거한다.
7 손가락에서 모발을 뜸을 들이고 천천히 열을 식힌다.
8 컬이 형성된 모습이다.

9, 10, 11, 12 롤 브러시를 이용하여 전체적으로 매끈하게 모발을 훑어주고 브러시에 모발을 한바퀴 회전하면서 모발 끝을 감아준다. 이때, 브러시의 크기에 따라 모발을 감는 위치가 달라질 수 있다.

13, 14 모발에 열을 가한다. 롤 브러시의 아래쪽과 위쪽을 번갈아 가며 열을 조절할 수 있다.

15, 16, 17 브러시 위에서 열을 잠시 식힌 후 손가락으로 모발을 감으면서 브러시를 제거한다.

18 탑으로 향하면서 서서히 두피 부분에 볼륨을 형성한다.

19

20

21

22

23

24

25

19, 20, 21, 22, 23, 24, 25 모발을 전체적으로 한 번 훑어주고 끝부분의 모발을 브러시에 감아서 열을 준다음 손가락을 이용하여 천천히 모발을 식히면서 자연스럽게 브러시를 제거한다.

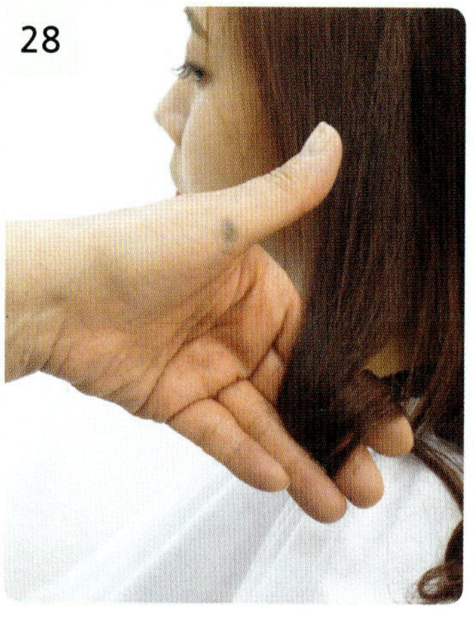

26, 27, 28, 29 전두부 이어 사이드도 같은 방법으로 진행한다.

30, 31, 32 사이드 부분도 같은 방법으로 작업한다. 브러시를 세로로 하여 열을 가할 수 있다.

33

34

35

33, 34, 35 모발을 매끈하게 한 번 드라이 해주고 모발의 끝 부분을 롤 브러시에 감고 열을 가한다.

36

37

36, 37 열을 식히면서 천천히 브러시를 제거한다.

38

39

40

38, 39 텐션을 유지하며 컬을 고정시킨다.
40 필요에 따라 브러시에 수분을 보충하여 작업할 수 있다.

41

42

43

41, 42, 43 모량을 조금씩 잡아서 탑까지 같은 방향으로 진행하여 간다.

44

45

46

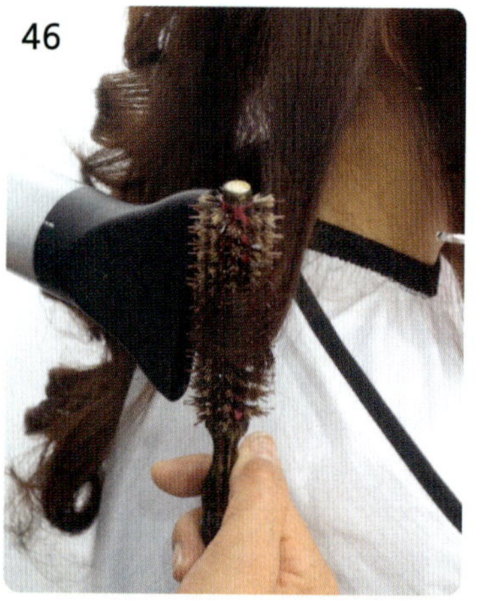

47

48

44, 45, 46, 47, 48 오른쪽 백 네이프도 같은 방법으로 시술하되, 모발의 끝을 얼굴을 향하여 보내주어 컬을 형성한다.

49

50

51

49, 50, 51 모발을 스트레이트 형태로 잘 훑어준 다음 작업을 진행한다.

52

53

54

55

56

52, 53, 54, 55, 56 탑까지 동일한 방법으로 작업한다.

57, 58, 59, 60, 61 전두부 오른쪽 이어사이드 역시 모발의 흐름을 이해하면서 스타일링 한다.

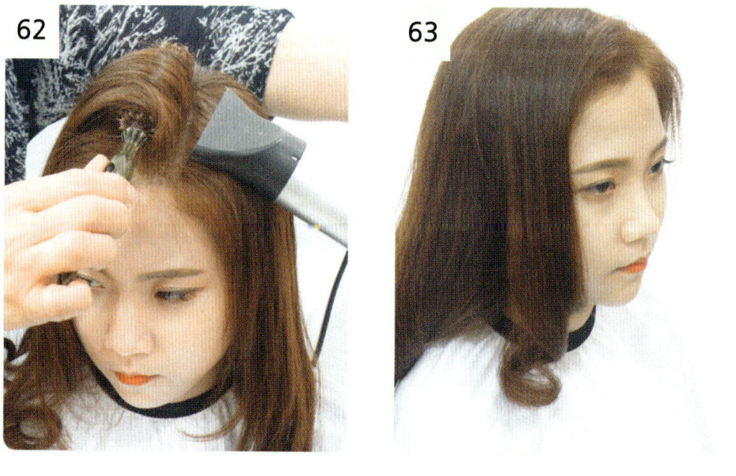

62, 63 프론트 부분은 가르마 부분은 얼굴형에 맞추어 뿌리에 볼륨을 주어서 진행한다.

2. 라운드 아이론(Round Iron)

1) 뿌리볼륨

Before

After

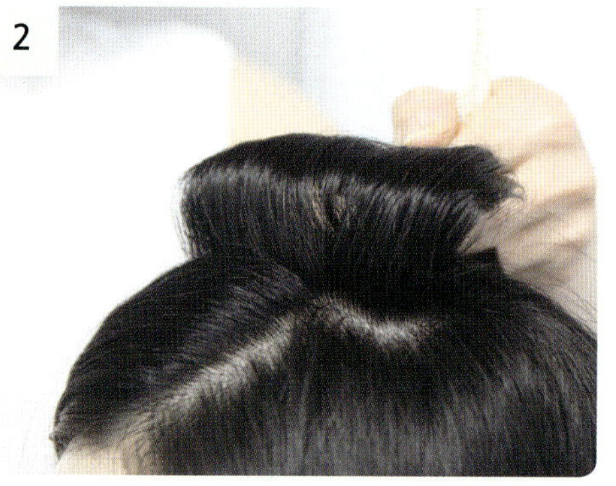

1 90도 각도로 빗질한 다음 아이론을 모발의 두피 가까이에 넣는다. 아이론을 1/4바퀴 회전하면서 원하는 볼륨의 높이만큼 모발에 뜸을 들이며 열을 가한다. 이때 원하는 볼륨의 크기만큼 아이론의 크기, 베이스의 크기, 모발의 각도를 결정한다.

2 모발의 열을 식히면서 볼륨감을 고정한다.

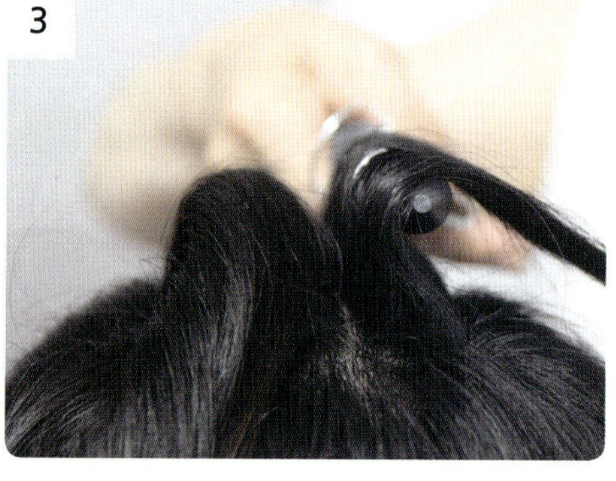

3, 4 탑부분의 두번째 패널도 90도 직각으로 끌어 올려 텐션을 주면서 볼륨을 형성한다.

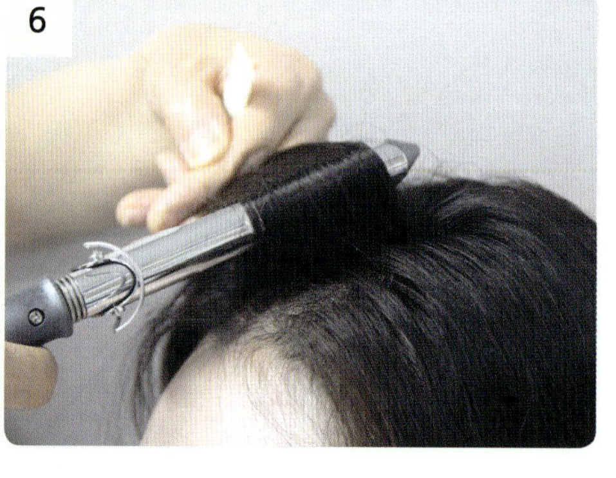

5, 6 얼굴형과 두상의 곡면에 따라 볼륨의 높낮이를 조절한다.

2) 미디움 헤어 - C컬 웨이브 안말음

Before

After

1 탑을 중심으로 이어 투 이어로 2등분하고, 백은 3등분하여 섹션을 나눈다.

2, 3, 4 후두부의 왼쪽 네이프 코너부터 스타일링을 시작한다. 아이론을 이용하여 패널 전체의 길이를 가볍게 훑어준다.

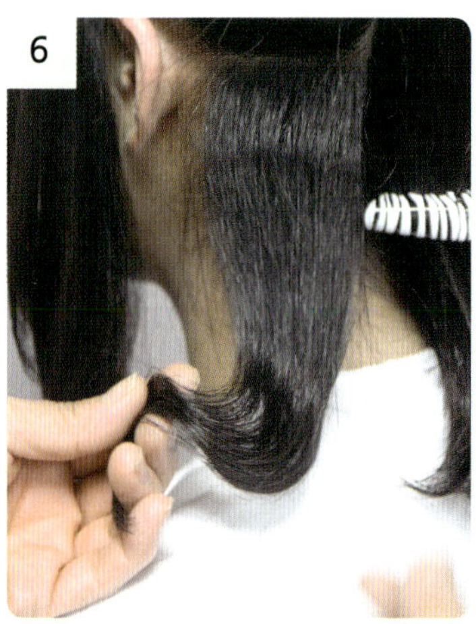

5, 6 전체 길이의 1/3지점에서 모발을 오른쪽으로 한 바퀴 회전하면서 천천히 손으로 잡아가면서 C컬 웨이브를 형성한다.

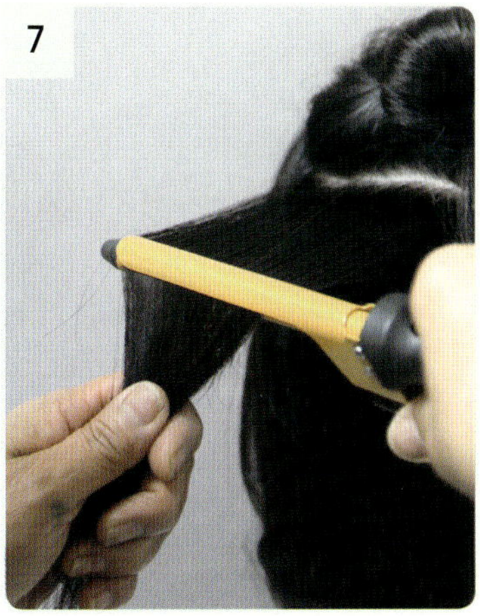

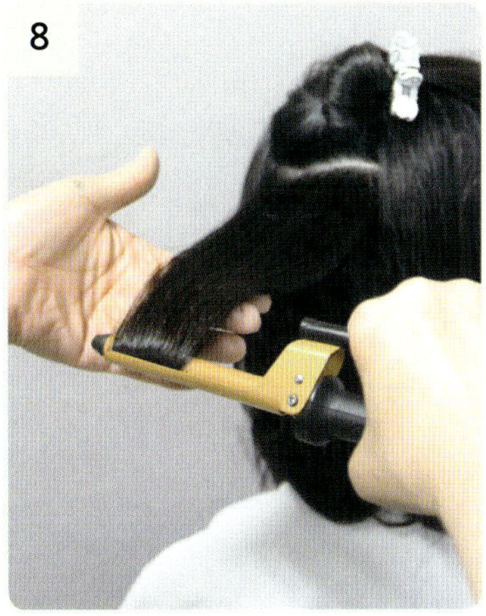

7, 8, 9 모발의 상태에 따라 아이론의 온도를 조절하여 모발의 끝부분까지 부드럽게 잘 훑어준다.

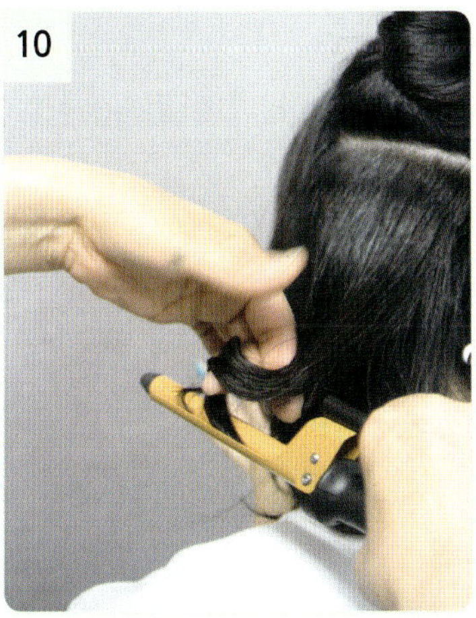

10, 11, 12 모발의 1/3지점에서 오른쪽으로 한 바퀴 회전하여 C컬을 만든 다음 그루브의 방향을 아래쪽으로 향하게 하여 리지를 강하게 잡아준다.

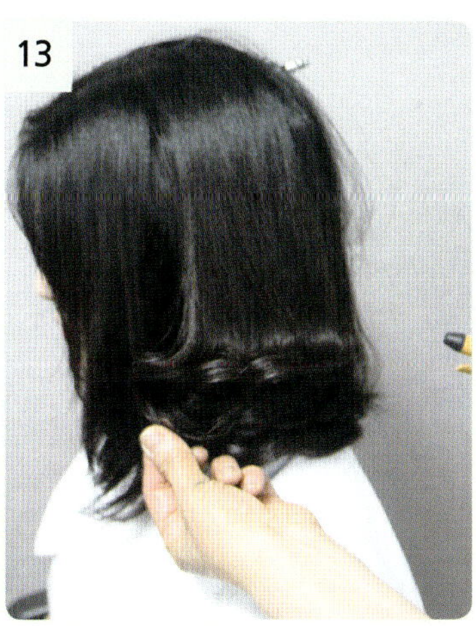

13 탑까지 C컬의 웨이브가 되도록 같은 방법으로 완성한다.
14 전두부 이어 사이드 첫 번째 모발 역시 아이론으로 가볍게 리버스 방향으로 훑어준 다음 다시 포워드 방향으로 모발을 이동하면서 모발의 끝부분까지 잘 훑어준다.
15 모발의 2/3지점에서 왼쪽방향으로 돌려서 한 바퀴 회전한다.

16

17

18

16, 17, 18 형성된 c의 흐름에서 리지를 잡아주면 C컬의 웨이브가 강하게 형성된다.

19

20

21

22

23
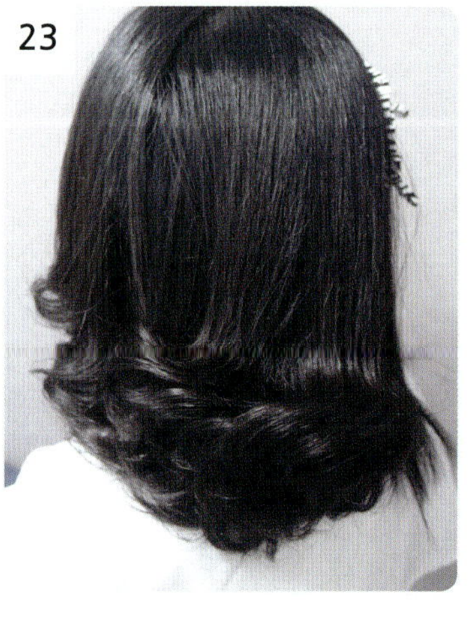

19, 20, 21, 22, 23 후두부 백센터의 판넬을 자연스러운 C컬로 만든 다음 리지를 포워드 C컬 웨이브가 되도록 한다.

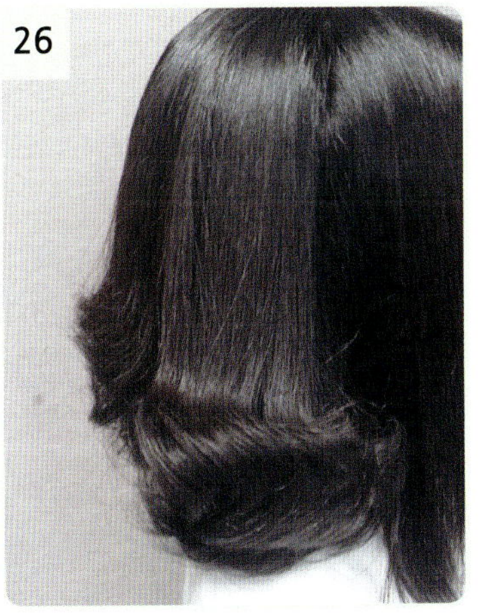

24, 25, 26 모발을 왼쪽으로 돌린 상태에서 한 바퀴 회전하여 형성된 C컬의 리지를 잡아주며 웨이브를 완성한다.

27, 28, 29 오른쪽 이어 사이드의 모발은 뿌리에 볼륨을 주면서 스타일을 완성한다.

3) 미디움 헤어 - 겉말음

Before

After

1 탑을 중심으로 이어 투 이어로 2등분하고, 백은 3등분하여 섹션을 나눈다.

2, 3, 4 후두부 왼쪽 사이드 모발을 전체적으로 가볍게 훑어주고 모발의 끝부분 1/4지점에서 아이론으로 C컬로 잡아주면서 겉말음을 진행한다.

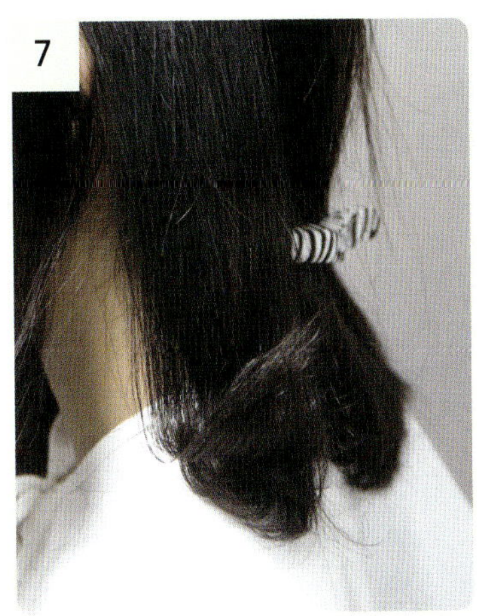

5, 6, 7 모발의 1/4지점에서 겉말음의 C컬로 뜸을 들이면서 진행한다. 모발은 아이론에서 직각이 되도록 위를 향해서 똑바로 빼주고 왼손의 엄지와 검지를 사용하여 형태를 잡아준다.

8, 9, 10, 11 가로로 슬라이스 한 크레스트 지역부터는 뿌리에 각도를 주어 볼륨을 살려주고 겉말음의 C컬을 똑바로 세워 만들어 간다.

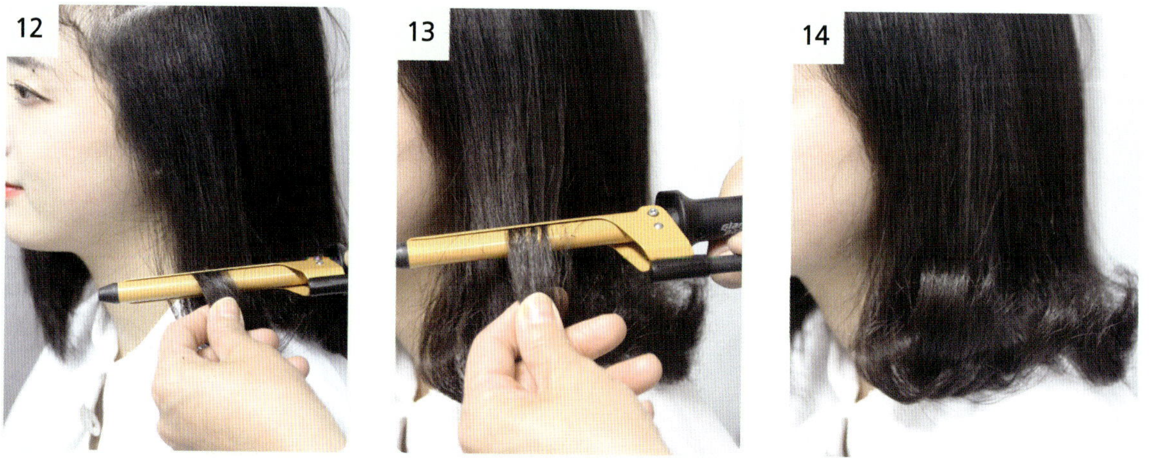

12, 13, 14 전두부 이어 사이드 부분은 가로로 슬라이스를 뜬 다음 1/4지점에서 똑바로 위로 아웃 컬로 형성한다. 윤기가 생기도록 매끈하게 작업한다.

15

16

17

18

15, 16, 17, 18 전두부 이어 사이드 부분도 가로로 슬라이스 하여 모발에 뜸을 들인 다음 형태선에 맞추어 모발의 끝부분을 매끈하게 빼준다. 왼손의 손 동작이 중요하다.

19, 20, 21, 22 후두부의 백센터 부분도 형태선을 잡아가며 스타일링을 진행시킨다.

23, 24, 25 후두부 왼쪽 사이드 부분 역시 가로로 슬라이스 하여 아이론의 온도를 조절하면서 스타일을 만들어 나간다.

4) 롱헤어 - S컬

Before

After

1, 2, 3 탑에서 전두부 이어 사이드 헤어 라인까지 수직으로 파팅을 뜬 후 판넬 전체를 아이론에 회전하여 뿌리 부분까지 컬을 만 다음 열 전달이 충분히 되면 아이론을 반대로 풀어가면서 컬을 고정한다.

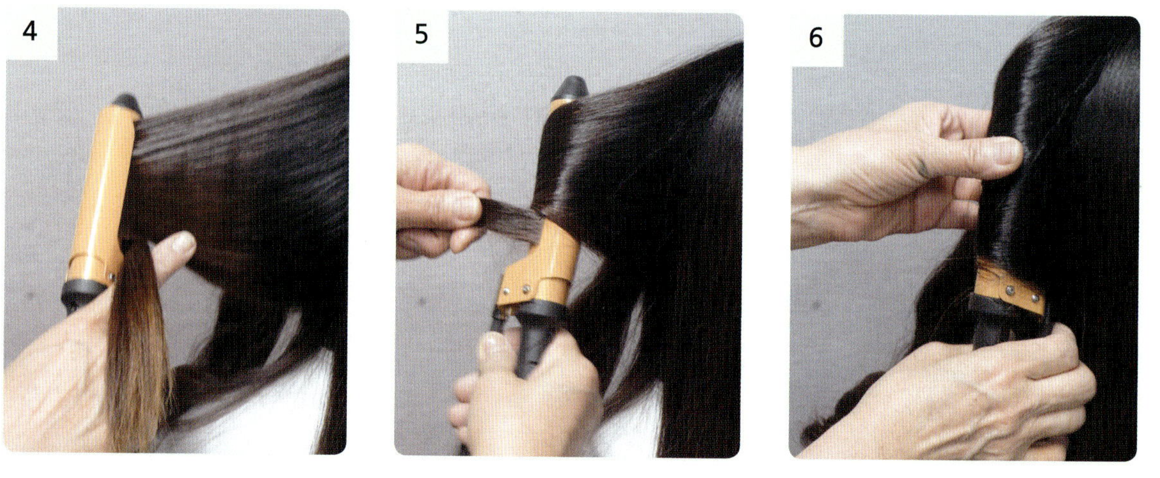

4, 5, 6 두번째 판넬 역시 탑에서부터 후두부 왼쪽사이드 헤어라인까지 한꺼번에 잡아서 아이론을 수직으로 와인딩한다.뜸을 잘 들인후 아이론을 반대로 돌려가면서 제거한다.

7 아이론을 제거 한 다음 왼쪽 손가락으로 느슨하게 텐션을 조절하면서 모발의 웨이브를 고정한다.

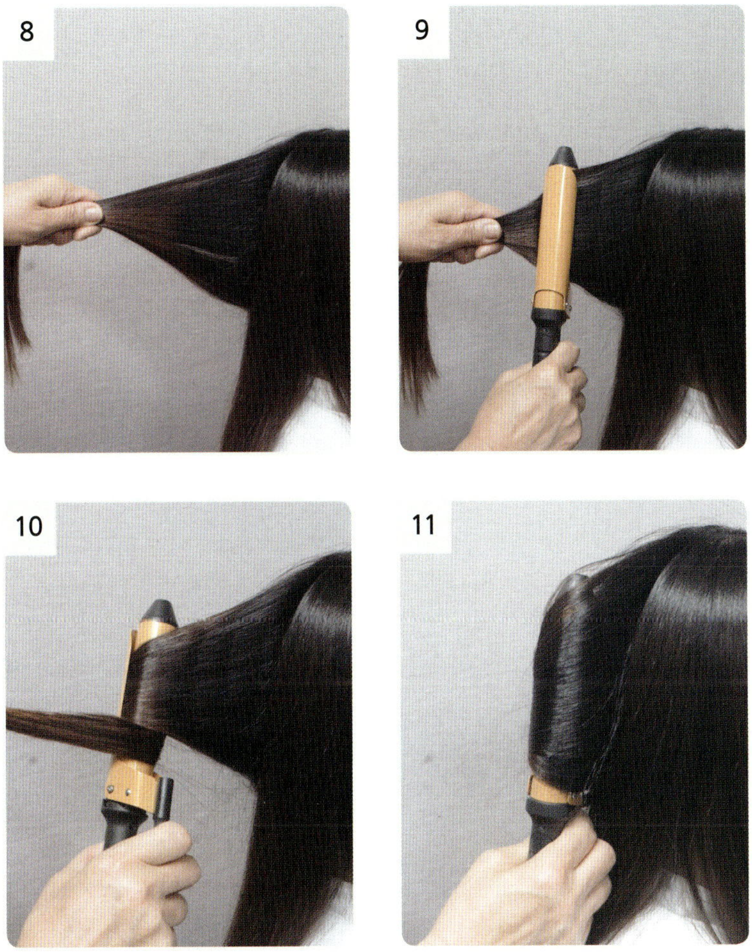

8, 9, 10, 11 두상의 오른쪽으로 이동하면서 열의 온도와 모발의 텐션을 잘 조절하면서 컬을 완성시킨다.

12 세로로 슬라이스한 판넬을 수직으로 와인딩 한 후 텐션을 주면서 굵은 S컬을 완성시킨다.
13 느슨하게 텐션을 주어 웨이브를 고정한다.
14 전체적으로 웨이브를 완성하고 손으로 웨이브의 흐름을 만들어준다.

5) 롱헤어 - 연속 3단 웨이브

Before

After

1

2

1 탑을 중심으로 이어 투 이어, 백은 3등분하여 섹션을 나눈다.
2 후두부 왼쪽 네이프는 가로로 슬라이스 한 다음 아이론으로 모발을 윤기있게 훑어준다.

3

4

Tip

모발의 밀도에 따라 가로 슬라이스의 양을 조절 할 수가 있다.

5

3, 4, 5 모발을 오른쪽으로 보낸다음 아이론을 한 바퀴 회전하게 되면 아이론의 가운데 부분으로 모발의 끝부분이 나오게 된다. 손가락으로 모발이 빠지지 않게 잡은 다음 두피가까이 다시 와인딩 한다.

6

7

8

9

10

Tip

웨이브의 간격은 4cm가 적합하며 리지의 선이 정확하게 연결될 수 있도록 한다.

6, 7, 8, 9, 10 라운드 롤이 형성된 패널을 풀게 되면 사진과 같은 웨이브가 형성이 된다. 아이론의 그루브가 아래방향으로 향하게 한 다음 거꾸로 뒤집어 그루브가 아래로 향하게 아이론을 수평으로 되게 한 다음 리지선을 강하게 잡아준다.

11

12

11 두번째 판넬 역시 아이론으로 모발을 매끈하게 훑어준다.
12 훑어준 모발을 아이론의 오른쪽 방향으로 보내어 한 바퀴 회전한다.

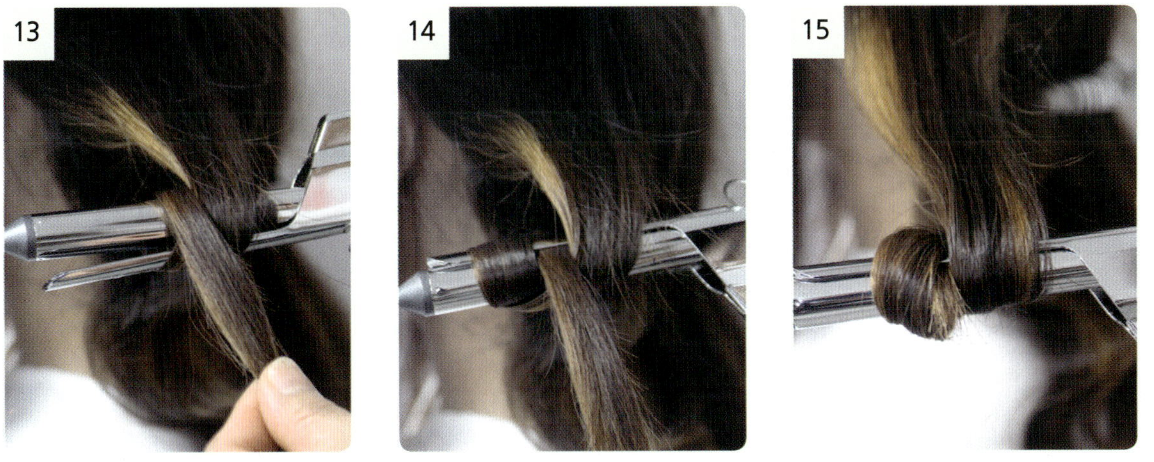

13, 14, 15 판넬을 회전한 후 4-5cm 내려온 다음 모발을 다시 왼쪽 방향으로 보내어 한바퀴 회전한다.

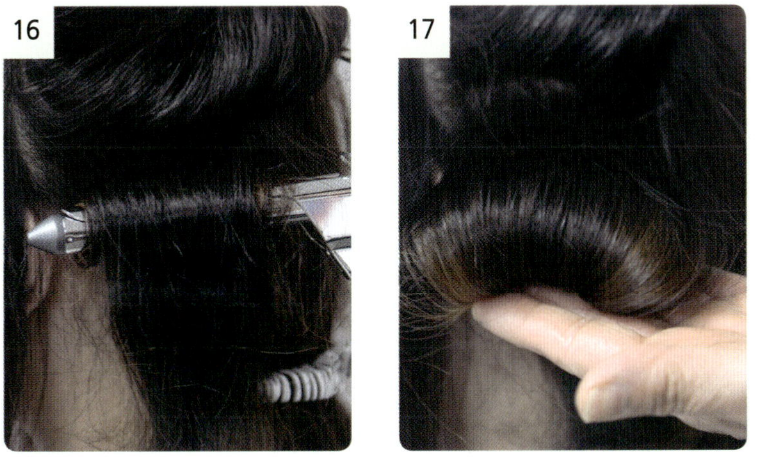

16, 17 두피 가까이 회전된 모발에 열을 충분히 전달하고 아이론을 반대로 한바퀴 정도 풀면서 제거한 후 2-3초 뜸을 들인다.

18

19

20

18 둥글게 말아진 모발을 풀어가며 C컬의 웨이브를 확인한다. 아이론을 반대로 뒤집어서 리지를 잡아준다.
19 아래쪽의 C컬도 연속하여 리지를 잡아준다. 이때, 웨이브의 방향이 틀어지지 않도록 주의한다.
20 뿌리 볼륨을 아이론으로 한 번 더 잡아줌으로서 웨이브의 흐름이 자연스럽게 고정되도록 한다.

21

22

23

24

21, 22, 23, 24 전두부 이어 사이드 역시 아이론의 온도를 조절하며 웨이브와 리지의 단이 연결되도록 마무리 한다.

25

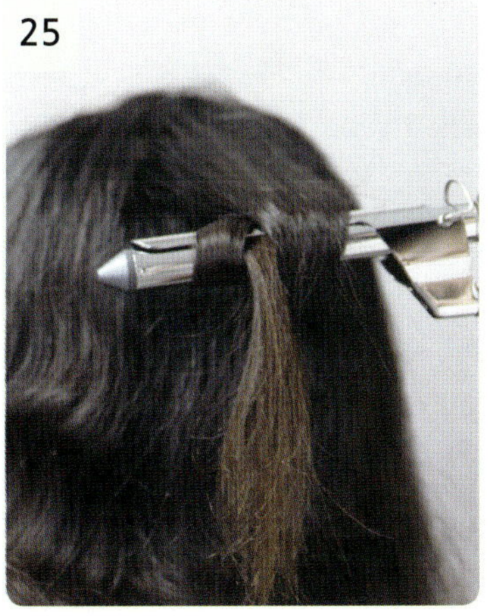

26

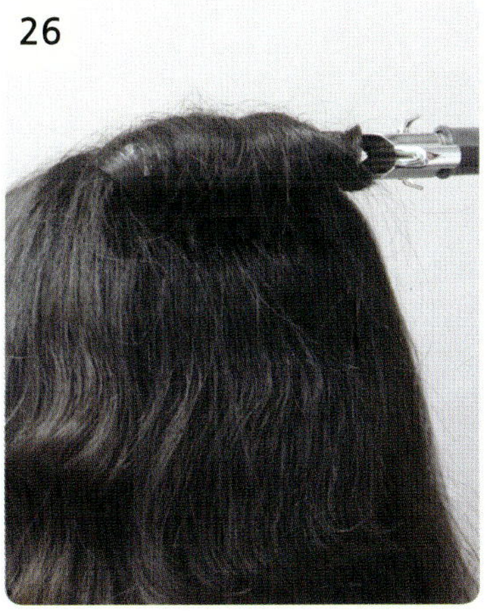

27

25, 26, 27 후두부 오른쪽 네이프센타 지역도 같은 방법으로 진행한다. 이미 완성된 옆머리와 리지선을 맞추어 진행한다.

28

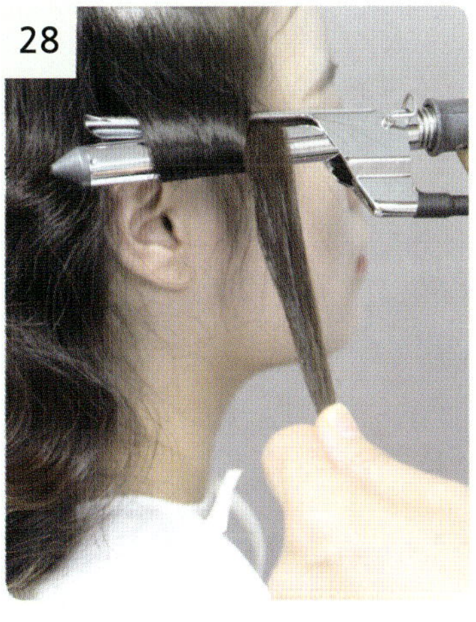

29

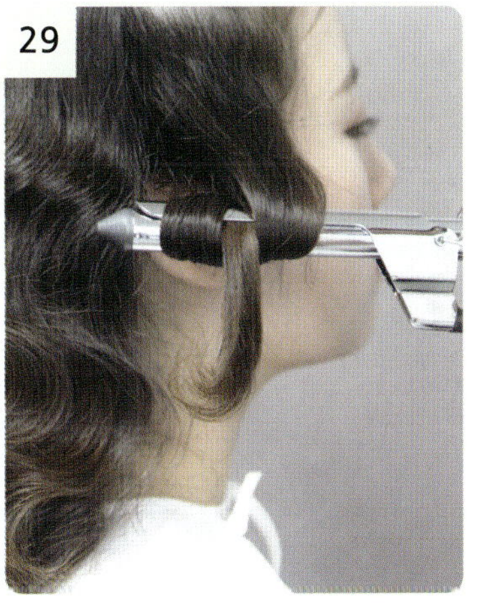

30

28 전두부 오른쪽 이어 사이드도 모발을 가볍게 훑어준 다음 모발을 오른쪽으로 보내고 아이론을 한 바퀴 회전한다.

29 모발을 왼쪽으로 다시 보내고 아이론을 한바퀴 회전하게 되면 모발의 끝부분이 가운데 부분으로 빠져 나오게 된다.

30 모발 끝까지 뜸을 들이면서 천천히 훑어서 내려 온 다음 다시 두피를 향하여 모발을 말아올린다.

31
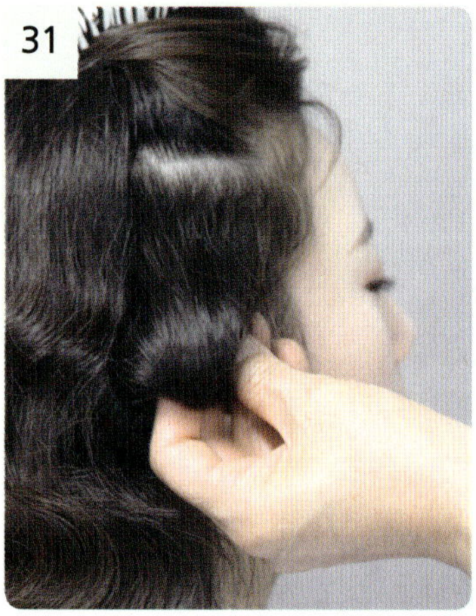
32
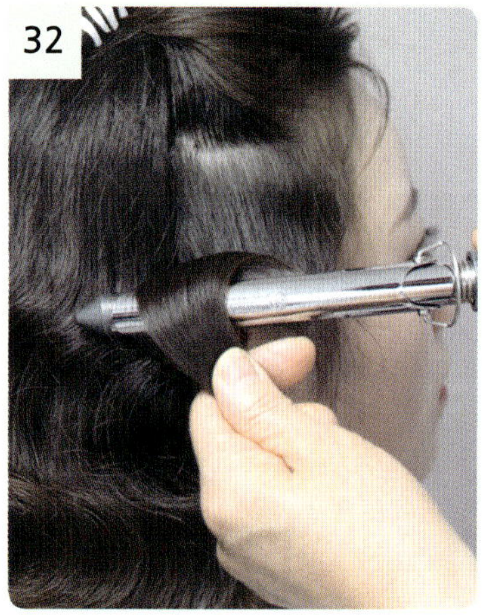
33

31 둥글게 말아진 모발을 제거하고 1-2초 열을 식힌다.

32, 33 형성된 웨이브에서 C의 방향을 고려하여 아이론을 뒤집어서 리지를 잡아준다. 이때 웨이브를 억지로 잡아 당겨서는 안된다.

34

35

34 왼손으로 C컬 웨이브의 형태를 확인한다.

35 옆머리의 웨이브 흐름과 방향 등 리지가 동일하게 자리하도록 작업한다.

36

37

36, 37 앞머리 프린지 부분도 두상의 형태에 따라 뿌리에 볼륨을 주고 C컬의 자연스러운 웨이브를 만들어 간다.

3. 플랫 아이론(Flat Iron)

1) 롱헤어 - 스트레이트

Before

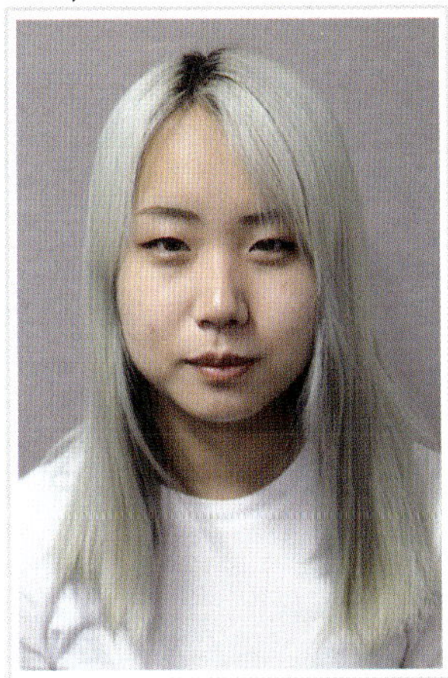

After

1 탑을 기준으로 이어 투 이어로 나누고, 백 부분은 3등분한다.
2 후두부 네이프 센터에서 시작한다. 약 3cm 정도 파팅을 나눈다.

3, 4, 5 모발을 텐션감 있게 잡고, 플랫아이론을 이용하여 모발 끝을 향하여 스트레이트로 작업한다. 이때, 모발의 끝부분은 꼬리 빗을 이용하여 모발을 조절할 수 있다.

6, 7, 8 플랫아이론으로 작업을 진행하면서 온도가 높거나 뜨거울때는 모발의 끝부분을 꼬리빗으로 잡아주며 플랫 아이론과 교차한다.

9

10

11

9, 10, 11 후두부 왼쪽사이드 역시 낮은 시술각의 각도를 유지하면서 작업한다.

12

13

12, 13 전체적으로 모발은 습도와 열의 온도가 적절 하였을 때 모발에 윤기와 탄력이 주어진다.

14

15

16

14, 15, 16 전두부 이어 사이드 역시 가로로 슬라이스한 다음 꼬리빗과 플랫아이론을 교대하면서 모발을 훑어 준다.

17, 18, 19 플랫아이론의 열 온도와 속도를 텐션감있게 조절하여 모발에 손상이 가지 않도록 유의한다.

20, 21, 22 모발의 끝부분이 매끈하게 잘 펴지도록 온도를 적절히 조절 한다.

2) 롱헤어 - C컬

Before

After

1

2

1 5등분으로 섹션을 나눈다.
2 왼쪽 네이프 코너부터 작업을 시작한다. 플랫아이론을 이용하여 전체적으로 매끈하게 훑어준다.

3

4

3, 4 모발의 끝부분에서 한 바퀴정도 회전하여 안말음으로 드라이한다. 모발의 끝부분까지 뜸을 잘 들이면서 진행 한다.

5

6

7

8

5, 6, 7, 8 모발이 시작되는 부분부터 스트레이트 형태로 플랫아이론으로 잘 훑어주고 끝부분에서 한 바퀴 정도 회전하여 모발을 빼준다.

9

10

11

9, 10, 11 같은 방법으로 탑까지 작업한다.

12, 13, 14 전두부 이어 사이드 부분도 같은 방법으로 작업한다.

15, 16, 17, 18 패널의 첫 시작부터 끝 부분까지 텐션을 주어 작업하고 모발의 끝이 윤기있게 드라이 될 수 있도록 작업한다.

19, 20 백 센터의 네이프에서 탑을 향하여 작업을 시작한다. 플랫아이론의 아래쪽 부분을 먼저 모발에 닿게하고 위부분을 닫아야 모발에 자국이 남지 않으면서 매끈하게 드라이할 수 있다.

21, 22 모발의 끝에서 한 바퀴에서 한 바퀴반 정도 회전하고 끝부분의 매끈도에 유의하여 작업한다. 모발을 식힌 후에 내려놓는다.

23, 24, 25 같은 방법으로 탑을 향하여 작업하고 자국이 생기지 않도록 주의한다.

26

27

28

29

30

26, 27, 28, 29, 30 오른쪽 백 네이프도 플랫아이론을 이용하여 같은 방법으로 작업한다.

31

32

33

34

31, 32, 33, 34 전두부 오른쪽 이어 사이드도 같은 방법으로 진행하고 모발의 흐름과 방향에 유의한다.

35

36

35, 36 프론트의 모발도 C컬의 연결이 되도록 텐션을 주어가며 진행한다.

3) 롱헤어 - S컬

Before

After

1

2

3

4
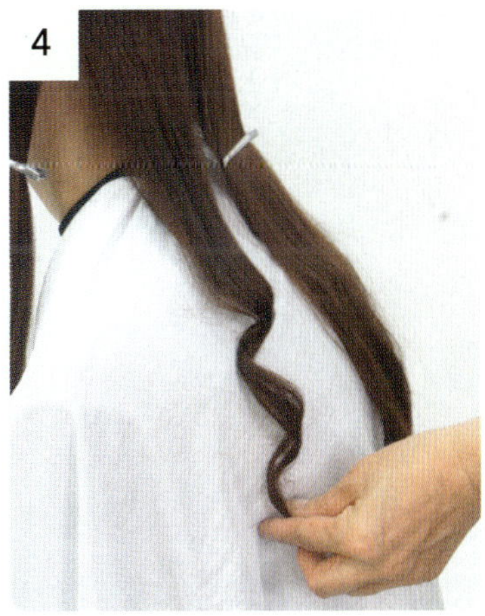

1 5등분으로 섹션을 나눈다.
2 왼쪽 백 네이프에서부터 작업을 시작한다. 플랫아이론을 이용하여 전체적으로 매끈하게 한 번 훑어준다.
3 모발의 끝에서 약 15cm정도의 부분에서 아이론을 왼쪽으로 한 바퀴 회전하여 뜸을 들인 후 모발의 끝쪽으로 천천히 아이론을 제거한다. 이때 모발의 끝을 얼굴 쪽으로 향하여 작업하면 리버스 컬을 완성할 수 있다.
4 컬이 형성되면 손가락으로 텐션을 주어 식히면서 컬을 고정한다.

5, 6, 7, 8, 9 같은 방법으로 탑을 향하여 진행한다. 플랫아이론을 한 곳에 오랫동안 유지하다보면 모발에 자국이 생기므로 유의한다. 탄력있는 S컬이 되도록 한다.

10, 11, 12, 13 같은 속도와 텐션을 유지하여 전체 모발의 흐름이 자연스럽게 연결되도록 한다.

14, 15, 16 탑 부분까지 같은 방법으로 작업하고 열을 주는 속도를 동일하게 하면서 진행한다.

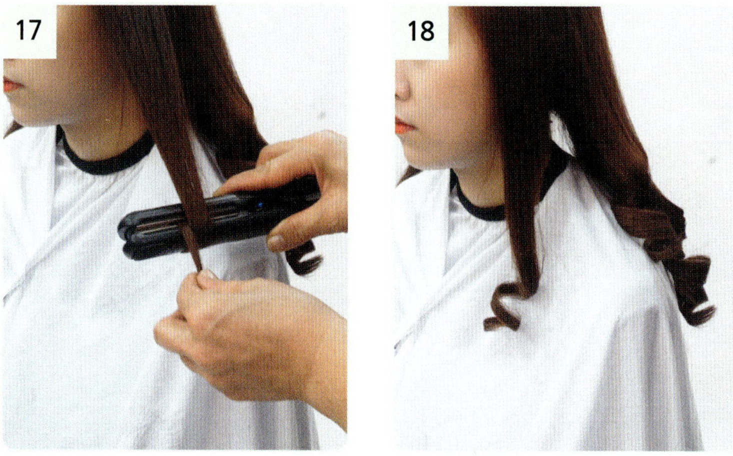

17, 18 사이드도 패널의 시작 부분부터 끝 부분까지 전체적으로 한 번 훑어주고 끝머리에 컬을 형성한다.

19, 20, 21 같은 방법으로 진행한다.

22, 23, 24 백 센터도 플랫아이론을 이용하여 모발의 끝 약 15cm가량 부분에서 아이론을 회전하여 모발을 왼쪽으로 회전하여 뜸을 들이면서 스타일링 한다.

25, 26, 27 탄력있는 컬이 유지되도록 습도와 온도 조절에 유의한다.

28, 29, 30, 31 오른쪽 백 네이프도 같은 방법으로 작업한다.

32

33

32, 33 컬이 흐름이 동일하도록 진행한다.

34

35

36

37

34, 35, 36, 37 전두부 오른쪽 사이드도 같은 방법으로 작업한다.

4) 롱헤어 - SS컬

Before

After

1 5등분으로 섹션을 나눈다.
2 모발을 오른쪽으로 돌리고 아이론을 한 바퀴 회전한다.
3 뜸을 들이면서 모발을 다시 오른쪽으로 돌리고 아이론을 회전한다.
4 모발 끝까지 뜸을 들이면서 웨이브를 만들어준다.

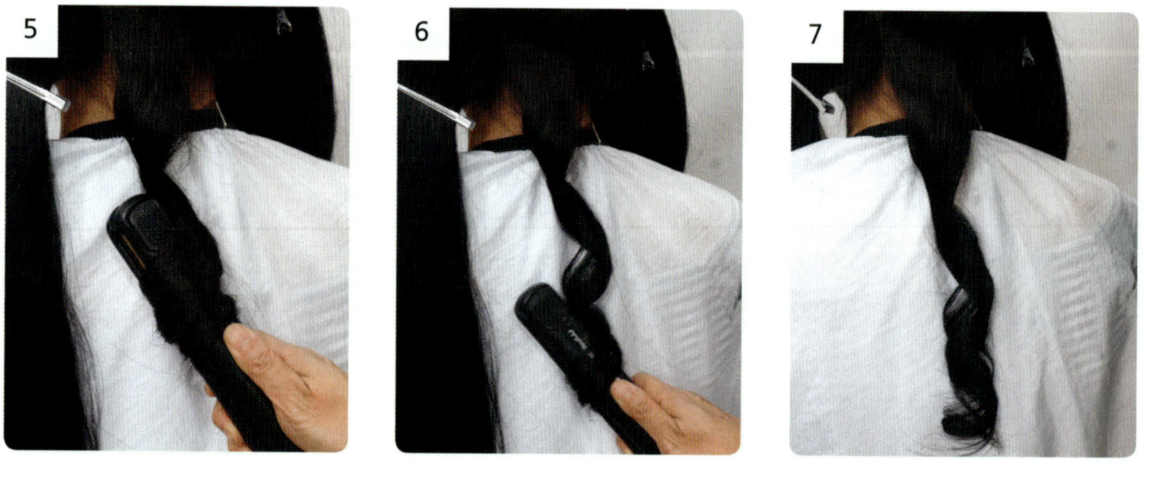

5, 6, 7 아이론을 돌려서 열을 식히면서 컬을 고정하고 아이론을 제거한다.

8

9

10

11

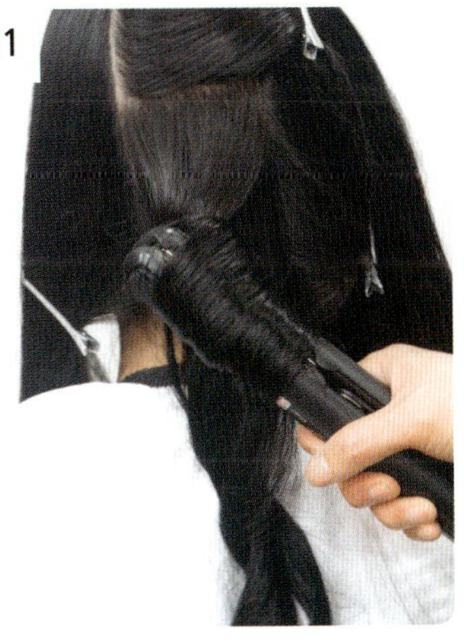

12

8, 9, 10, 11, 12 모발을 전체적으로 한 번 훑어주고 오른쪽으로 연속하여 돌리면서 컬을 형상한다.

13

14

15

16

13, 14, 15, 16 아이론을 제거할 때는 컬이 처음 형성된 부분부터 차례대로 식히면서 아이론을 제거한다.

17

18
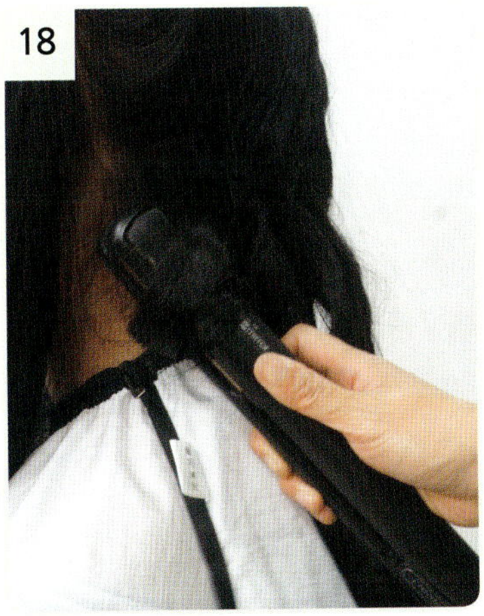
19

20

21

17, 18, 19, 20, 21 모발을 오른쪽으로 회전하고 나서 아이론을 한 바퀴 회전할 때 모발에 자국이 생기지 않도록 유의한다.

22

23

24

25

26

22, 23, 24, 25, 26 모발의 밀도와 길이에 따라 컬의 굵기를 조절하면서 작업한다.

27

28

27, 28 전두부 오른쪽 사이드도 같은 방법으로 진행한다.

5) 롱 헤어 - 혼합 S컬

Before

After

1 이어 투 이어를 중심으로 전두부와 후두부를 나누고 후두부는 5등분으로 섹션을 나눈다.

2, 3 왼쪽 후두부 네이프에 파팅을 나누고 전체적으로 한번 윤기 있게 훑어준다.

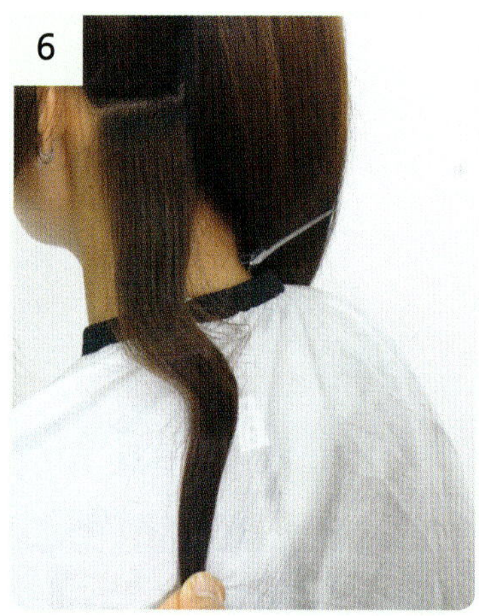

4, 5 전체 모발의 시작 1/3지점에서 아이론을 넣고 모발 끝을 왼쪽으로 돌리면서 아이론을 한한 바퀴 회전한 다음 아이론을 제거하고 모발을 식혀준다.

6 텐션을 주어 약간 아랫방향으로 당기면서 리지를 만들어준다.

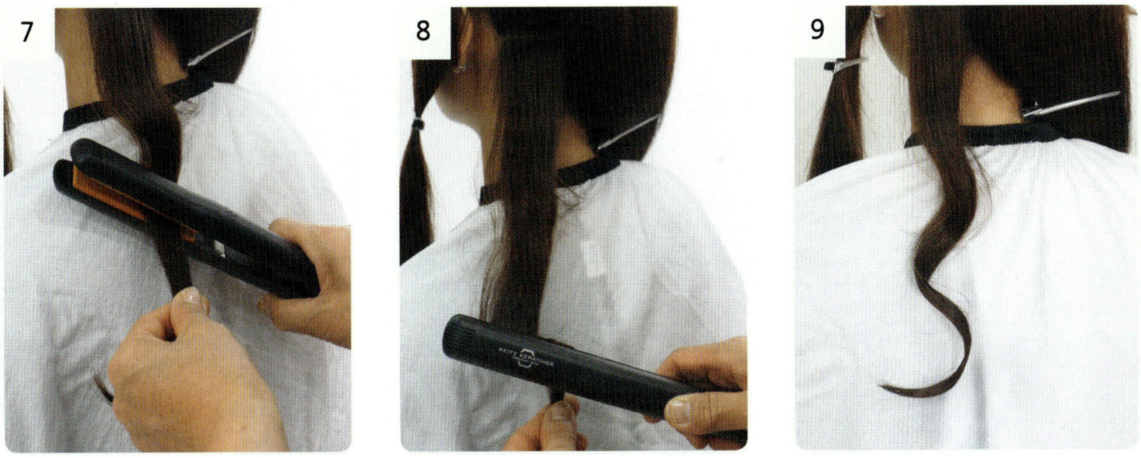

7, 8, 9 리지가 끝나는 방향을 보면서 아이론을 사선으로 넣어 인덴데이션 리버스 기법(겉말음)으로 모발의 끝을 오른쪽으로 보내어 아이론을 한 바퀴 회전한다.

10, 11, 12 모발은 전체적으로 한 번 훑어주고 한 바퀴 회전하여 컬을 완성하고 식혀준다.

13 형성된 컬의 흐름을 살피면서 리지를 잡아준다.

14 아이론을 넣어서 모발의 끝을 오른쪽으로 보내면서 진행한다. 전체적으로 고르게 열을 분포할 수 있도록 조절한다.

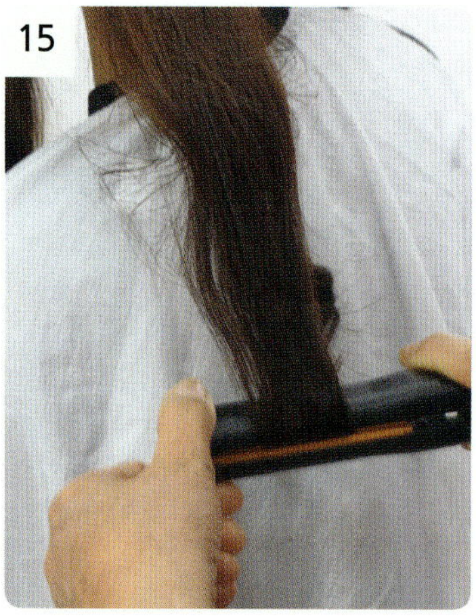

15, 16, 17 끝머리는 안말음으로 마무리한다.

18, 19, 20 왼쪽 사이드도 파팅을 나누어 전체적으로 매끈하게 훑어주고 아이론을 한바퀴 회전하여 준다. 컬을 풀고 한번 느슨하게 텐션을 주어 리지를 형성한다.

21, 22 반대방향으로 모발의 끝을 보내면서 컬을 형성한다.

23, 24, 25, 26 아이론을 볼륨형태로 왼쪽으로 한 번, 인덴테이션 기법으로 오른쪽으로 한 번, 끝머리는 다시 볼륨형태로 왼쪽으로 한번 회전하여 컬을 완성한다.

27, 28, 29, 30, 31 같은 방법으로 탑까지 완성한다.

32

33

34

35

32, 33, 34, 35 오른쪽 후두부 네이프도 같은 방법으로 진행한다.

36

37

38

39

36, 37, 38, 39 반대쪽 사이드도 같은 방법으로 마무리한다.

4. 마샬 아이론(화열식 옛날 아이론)

1) 미디움 헤어 – 안말음

Before

After

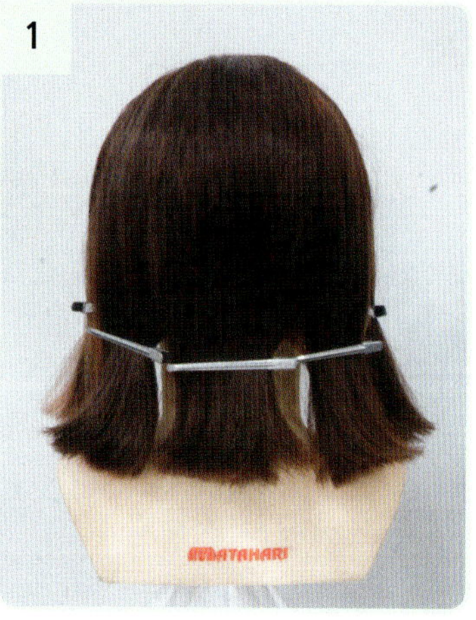

1

Tip

옛날에 사용했던 화열식 무쇠아이론은 불에 달구어서 사용을 하기 때문에 아이론의 온도에 특히 신경을 써야한다. 시술을 할 때 두피에 닿지 않도록 주의한다.

1 탑을 중심으로 전두부와 후두부로 나누고, 후두부는 3등분 한다.

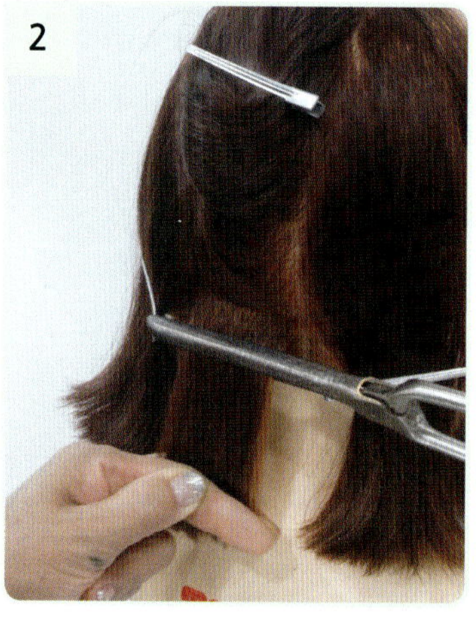

2

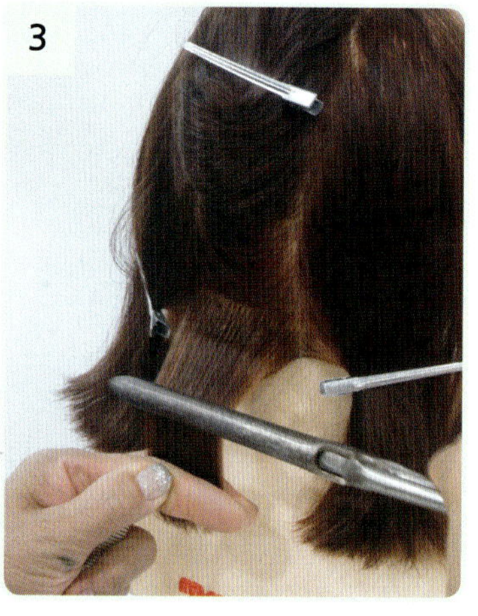

3

4

2, 3, 4 후두부의 센터부터 작업한다. 가로로 슬라이스한 모발을 한 번 훑어주고 1/2지점에서 안쪽으로 구부려 반바퀴정도 회전하여 텐션을 강하게 주고 고정시킨다.

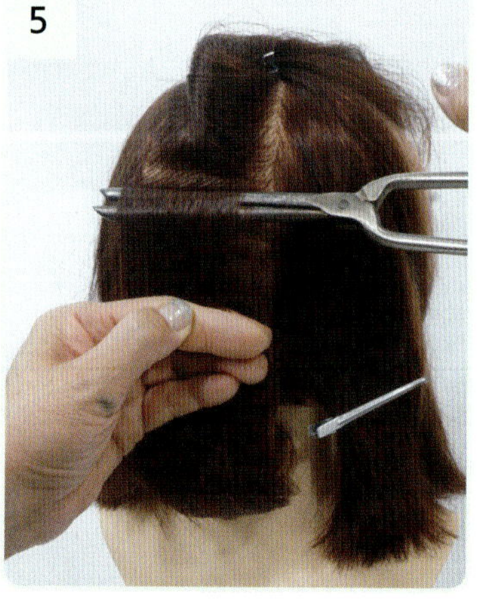

5

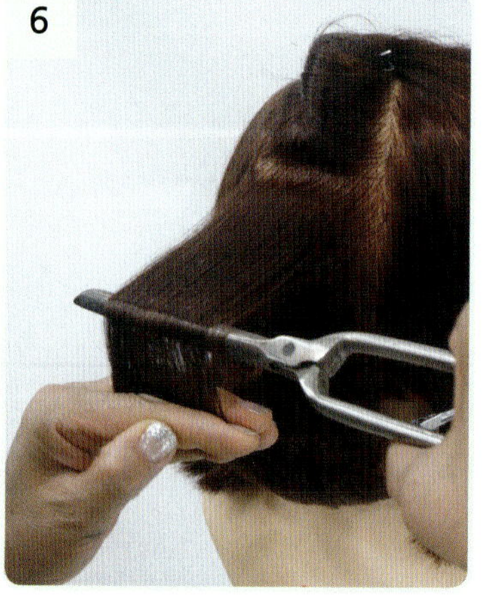

6

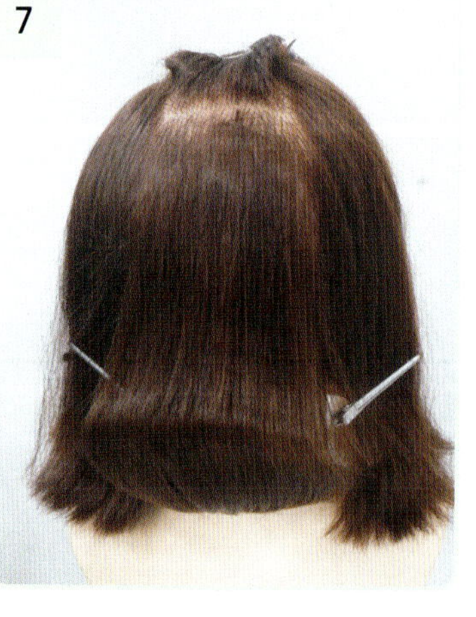

7

5, 6, 7 크레스트 지역부터는 뿌리 부분에 볼륨을 형성한다. 모발 사이로 아이론을 넣어서 자국이 생기는 것을 방지한다. 안말음을 형성할 때는 아랫단에 만들어 놓은 안말음과 동일한 위치에서 형태선이 생길 수 있도록 위치를 고려하여 작업한다.

8

9

10
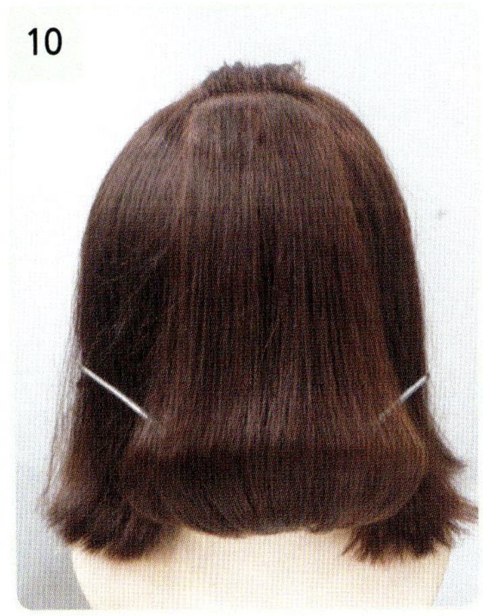

8, 9, 10 모발을 전체적으로 아이론으로 매끈하게 훑어준 다음 뿌리에 볼륨을 살려준다. 아래단의 형태선에 맞추어 안말음으로 작업한다.

11

12

Tip

모발의 흐름이 자연스럽게 흘러내릴수 있도록 패널의 방향을 억지로 끌어당겨 고정시키지 않도록 주의한다.

13
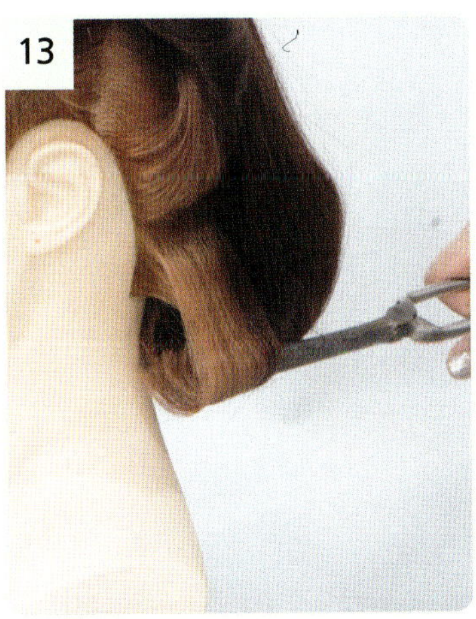

11, 12, 13 두피 부분 모발의 방향을 잡아주고 전체적으로 매끈하게 훑어준다. 안말음을 만들기 위하여 아이론을 반 바퀴에서 한 바퀴정도 회전하여 준다.

14, 15, 16, 17 뿌리에 볼륨이 풍성하게 살려질 수 있도록 뜸을 잘 들이면서 작업한다. 아이론의 온도를 뜨겁지 않게 조절하면서 작업하며 안전에 유의한다.

18 전두부 이어 사이드 부분은 판넬의 방향을 왼쪽으로 먼저 보내고 아이론을 한바퀴 회전하면서 천천히 모발에 뜸을 들이면서 C컬을 형성한다.

19 모발의 1/3지점에서 모발을 다시 오른쪽으로 보내어 천천히 C컬을 형성한다.

20

21

20 C컬 형태의 모발을 아이론으로 트위스트하여 컬의 모양을 탄력있게 만들어준다.
21 강한 C자 형태의 웨이브를 형성한다.

22

23

24
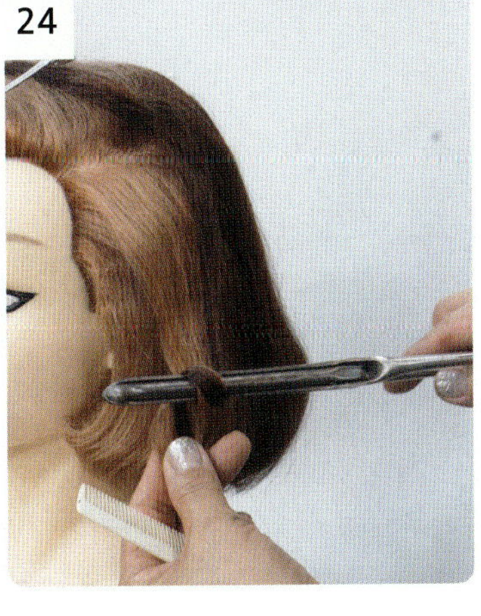
25

22, 23, 24, 25 두번째 단 역시 두상의 뿌리 부분에 강한 볼륨을 주고 가볍게 왼쪽으로 방향을 잡아가며 훑어준 다음 C컬을 형성한다. 아래단에 맞추어 모발을 트위스트하여 강한 C컬의 안말음을 완성한다.

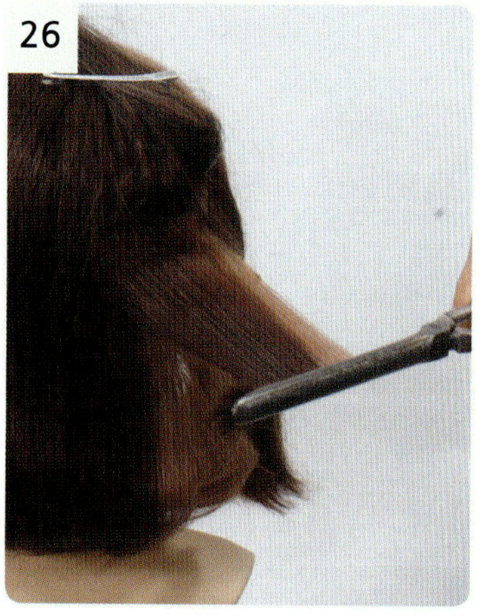

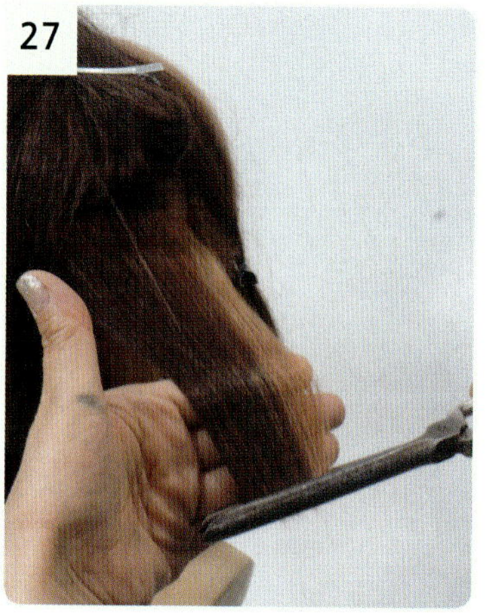

26, 27, 28 후두부 오른쪽 사이드 부분도 같은 방법으로 안말음을 형성하는데, 왼쪽의 완성된 C컬과 같은 위치와 높이에서 리지가 만들어 지도록 한다.

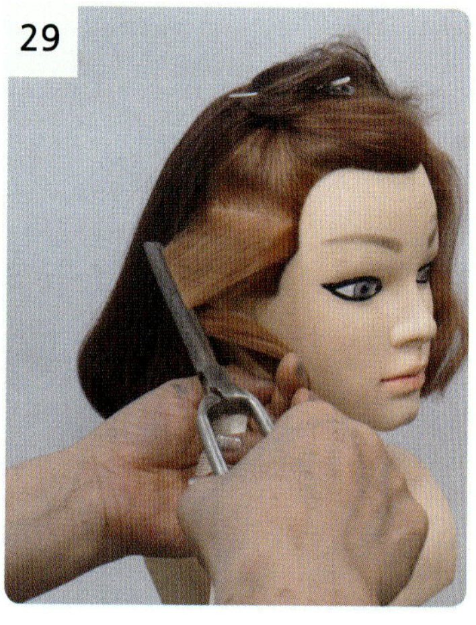

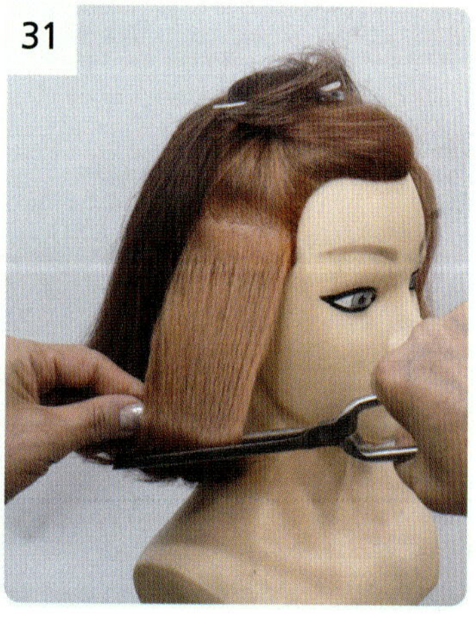

29 패널의 전체 길이 2/3지점에서 포워드 방향으로 부드럽게 잡아준 후 아이론을 한 바퀴 회전하여 훑어준다.
30 다시 모발의 1/3지점에서 리버스 방향으로 판넬을 보내고 가볍게 뜸을 들이며 끝부분까지 훑어준다.
31 자연스럽게 형성된 C컬의 리지를 강하게 잡아준다.
32 오른쪽 이어 사이드 크레스트 지역의 뿌리부분에 볼륨을 주고 모발의 형태가 자연스럽게 C컬의 웨이브가 되도록 리지를 잡아준다.

33, 34, 35 프론트 부분으로 올수록 뿌리의 볼륨을 90도 직각으로 강하게 살려 고정시키면서 매끈하게 C컬로 형태를 완성한다.

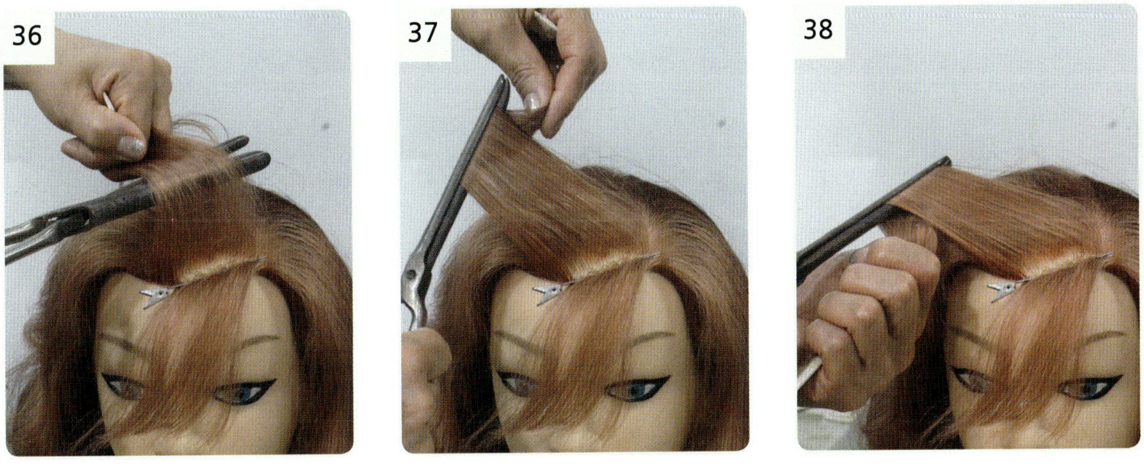

36 프린지부분은 원하는 볼륨감의 크기만큼 아이론의 시술각도를 조절하여 작업한다.
37, 38 아이론을 왼쪽으로 한 바퀴, 다시 오른쪽으로 한 바퀴 돌리면서 웨이브의 흐름을 만들어 준다.

Tip

프린지부분의 뿌리 볼륨은 얼굴형에 따라 높낮이를 조절할 수 있으며 아이론과 꼬리빗을 교대하면서 헤어라인의 모류를 잡아준다.

39, 40 헤어 라인과 가르마 부분의 모발의 볼륨감을 빗과 아이론으로 교대하면서 앞머리가 흘러 내리지 않도록 얼굴형에 맞추어 자연스럽게 높낮이를 조절한다.

2) 미디움 헤어 - 웨이브 겉말음

Before

After

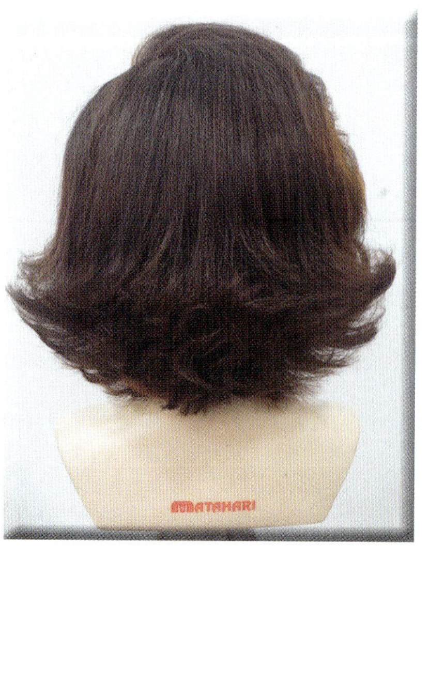

1

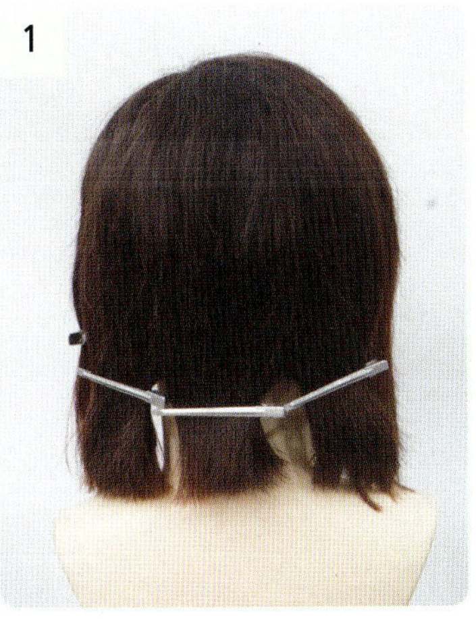

2

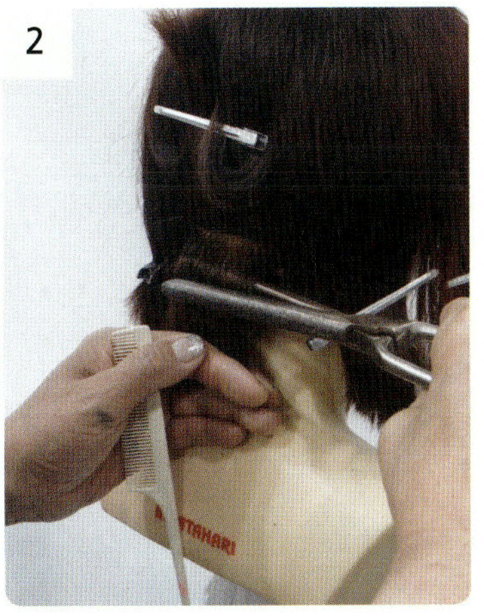

1 탑을 중심으로 전두부와 후두부로 나누고 후두부 부분은 3등분하여 핀셋으로 고정한다.
2 후두부의 센터 섹션부터 작업을 시작한다. 가로로 슬라이스한 패널의 두께는 3cm가 적당하며 아이론의 온도 조절에 유의한다.

3

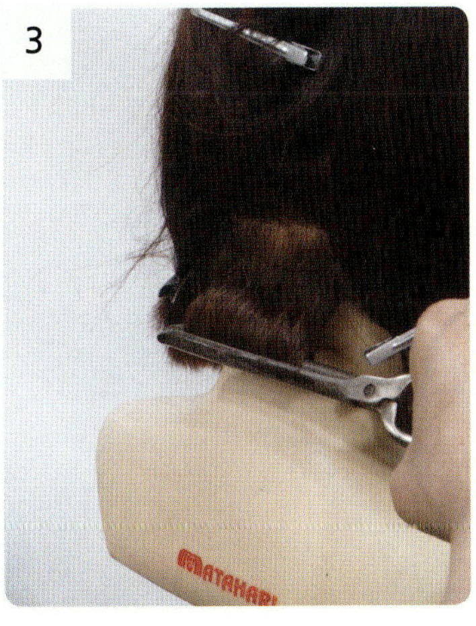

4

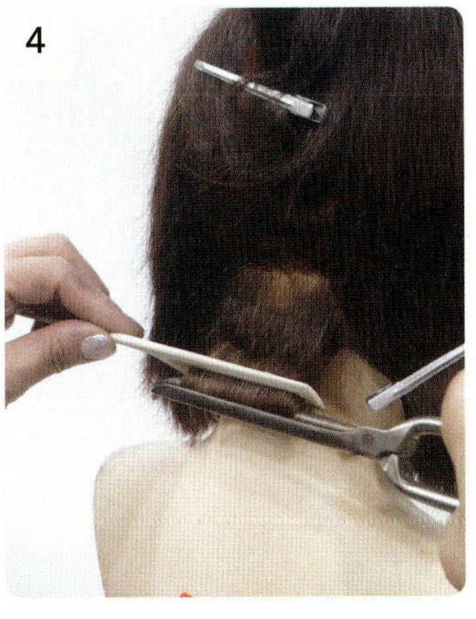

5

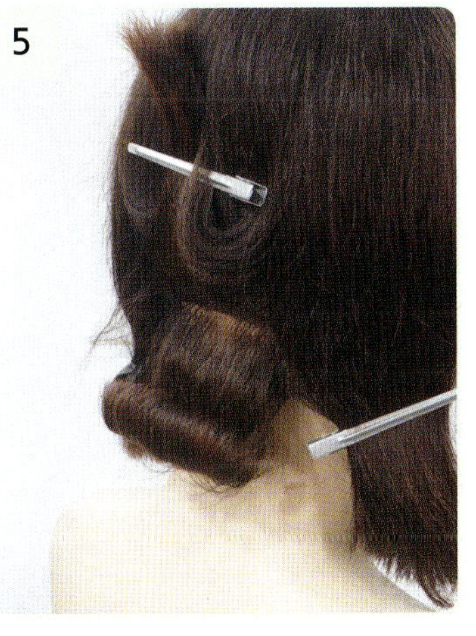

3, 4, 5 첫 번째 판넬은 모발의1/2지점에서 그루브가 아래 방향으로 향하게 한 다음 아이론을 뒤집어서 아웃컬을 시술한다. 짧은 모발이므로 꼬리 빗을 이용하여 모발을 조절한다. 이때 각도는 0도를 유지한다.

6

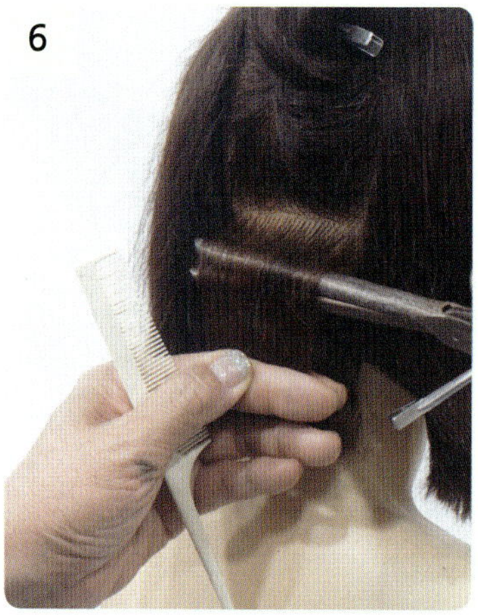

7

8

Tip

걷말음을 작업할 때 모발이 짧은 경우에는 손가락보다 빗을 사용하는 것이 작업하기가 용이하다.

6 구부러진 모류를 교정하면서 볼륨을 만들어준다. 각도는 0도를 유지하면서 뿌리에 볼륨을 형성한다.
7, 8 모발의 1/3지점에서 아이론을 이용하여 겉말음을 형성한다.

9

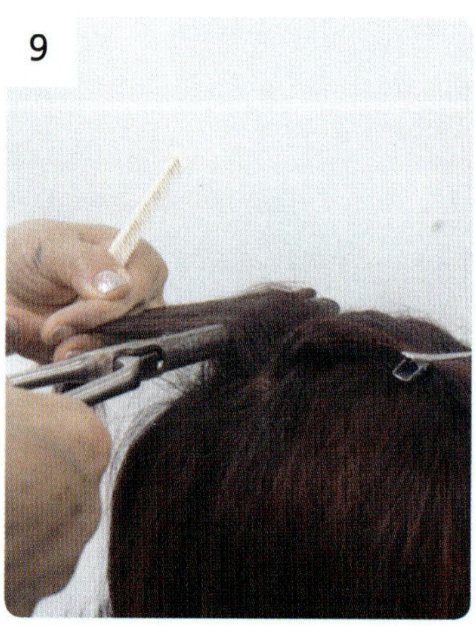

10

9, 10 골덴 포인트에서 탑으로 진행할수록 패널의 시작 부분에 강한 텐션을 주도록하며 원하는 볼륨의 크기만큼 각도를 조절한다.

11

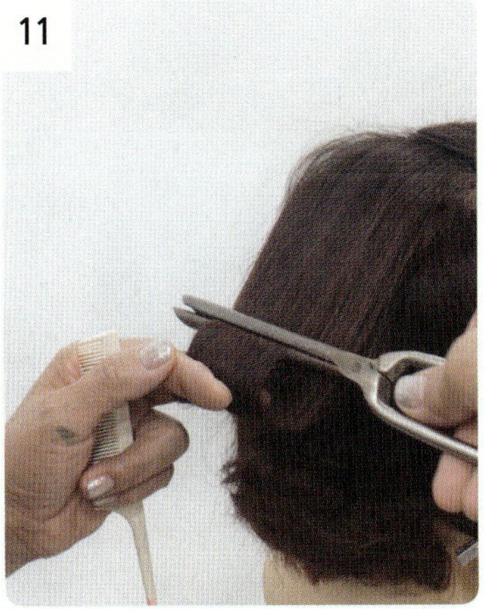

12

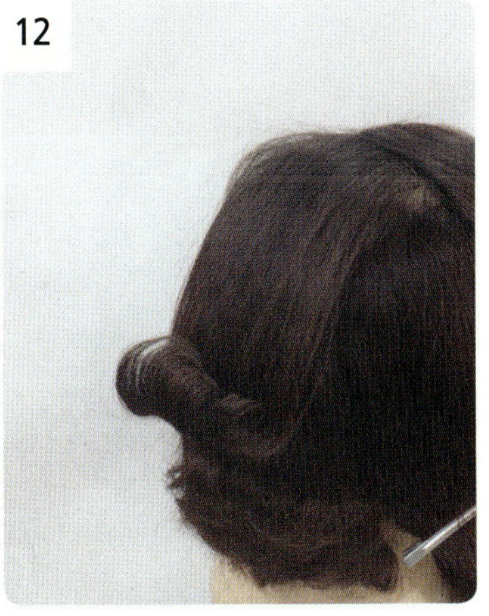

11, 12 겉말음을 시술할 때는 뿌리에 볼륨을 준 다음 자연시술각이나 낮은 시술각으로 작업한다.

13

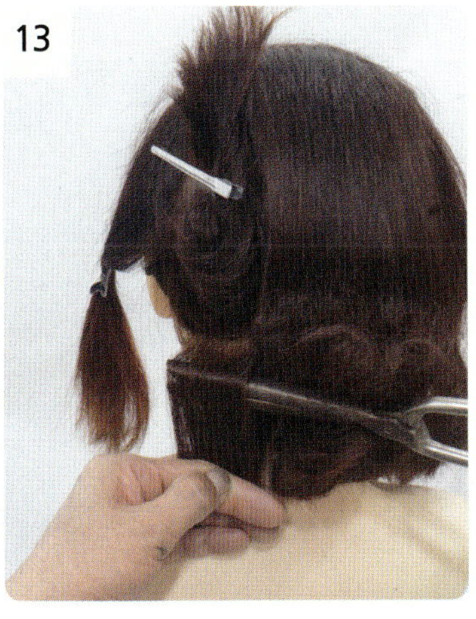

14

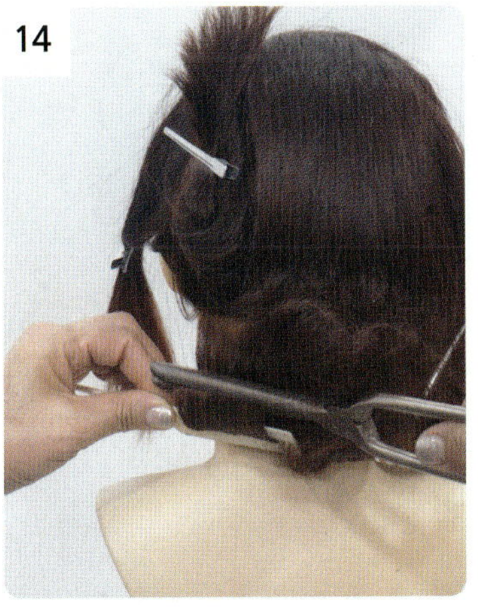

15

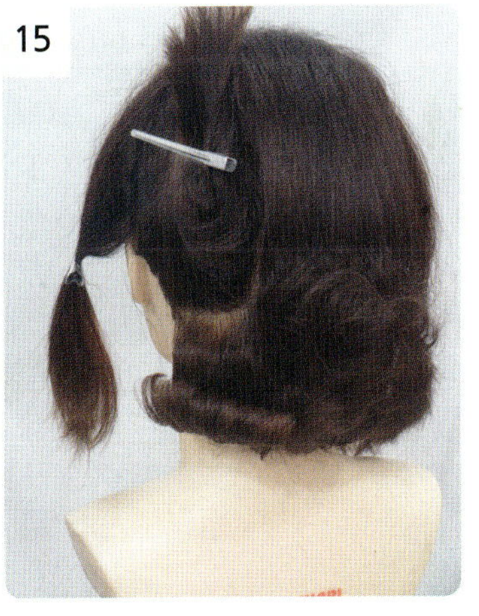

13, 14, 15 후두부의 왼쪽 사이드 역시 같은 방법으로 작업한다.

16

17

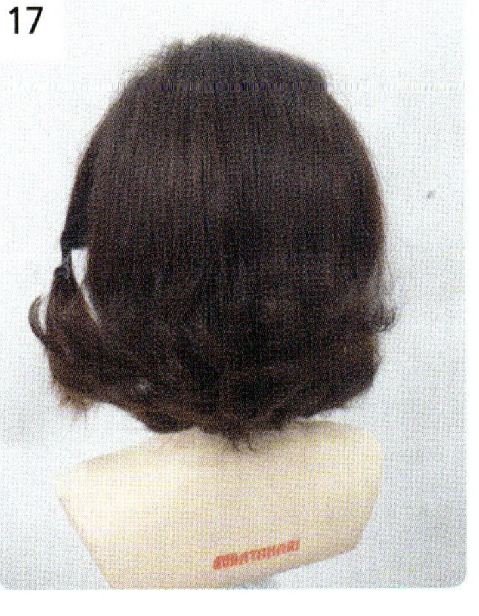

16, 17 크레스트 부분에서부터 탑까지 볼륨을 줄 때 머리카락을 당기면서 강한 텐션을 주어 높이를 결정한다.

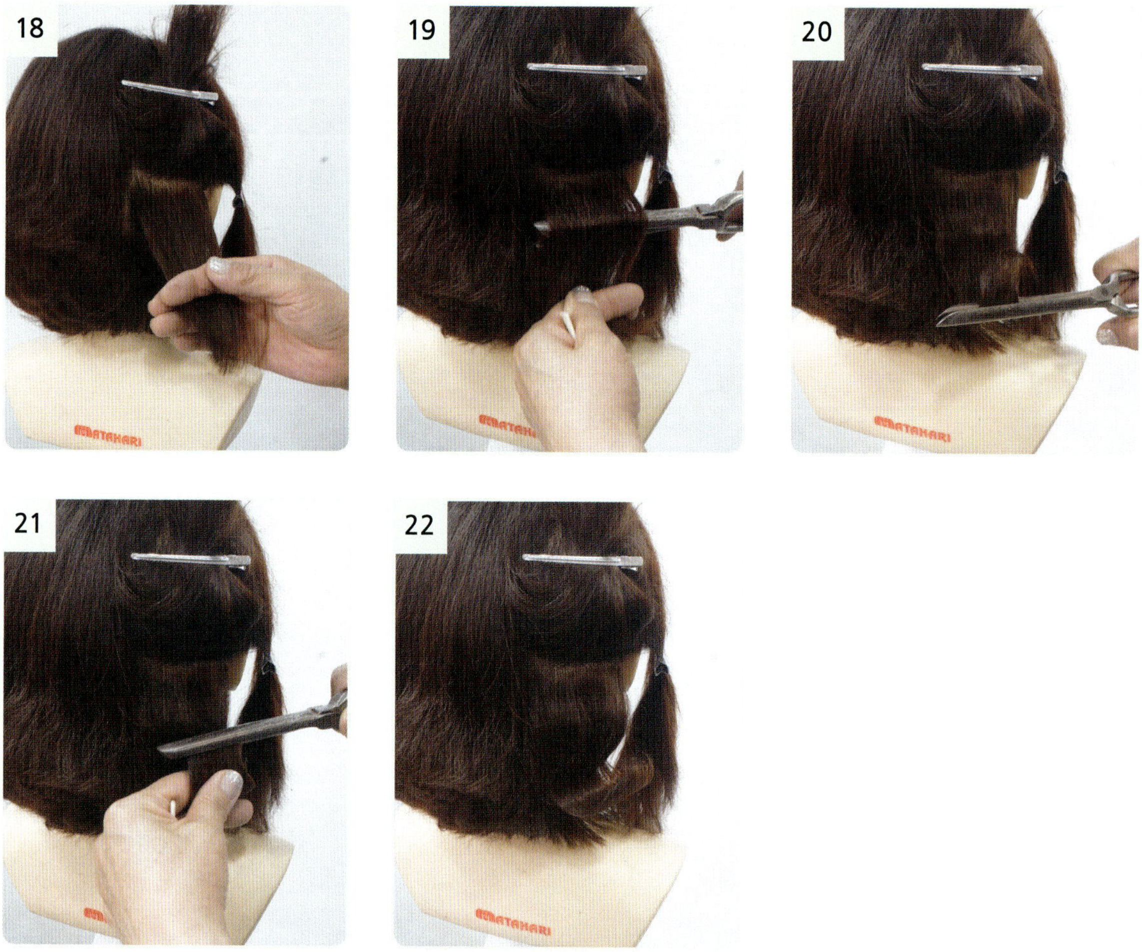

18, 19, 20, 21, 22 후두부 오른쪽 사이드 부분도 모발을 아이론으로 뜸을 들여서 훑어주고 패널의 1/3지점에서 겉말음으로 진행하면서 손으로 모발을 잡아서 컬을 고정한다.

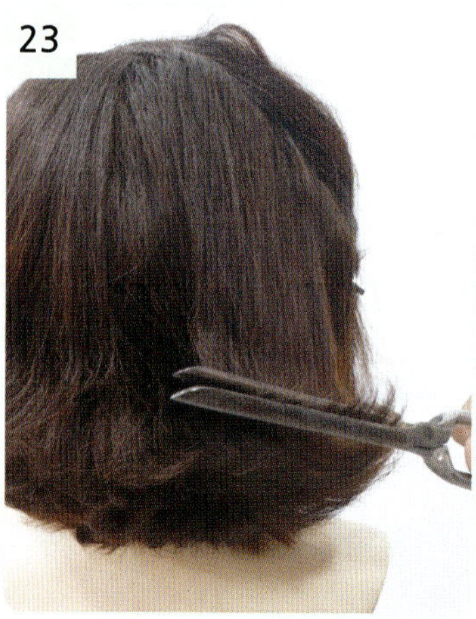

23 같은 기법으로 진행하여 탑까지 스타일을 완성시킨다.

24, 25, 26, 27 전두부 왼쪽 이어 사이드 역시 뿌리에 볼륨을 주고 후두부의 완성된 겉말음의 높이에 맞추어 C 컬의 겉말음 형태로 진행한다.

28 강한 텐션의 뿌리볼륨을 만든다.
29 패널의 모발을 리버스방향으로 훑어주면서 한 바퀴 회전 후 천천히 뜸을 들이며 바깥쪽으로 강한 C컬을 만들어 간다.
30 모발의 1/3지점에서 모발을 리버스 방향으로 보내고 한 바퀴 회전한다.

31

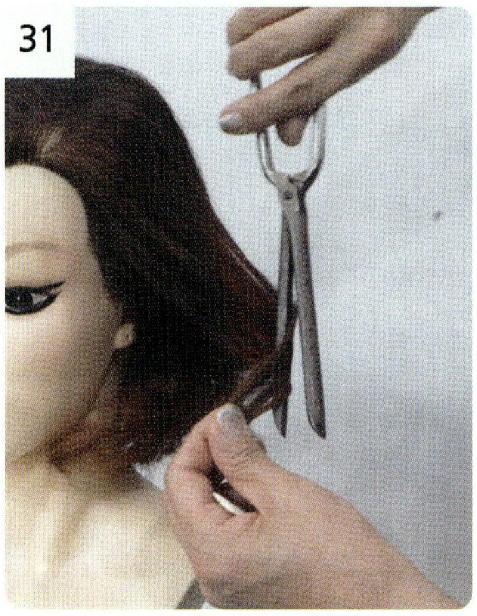

32

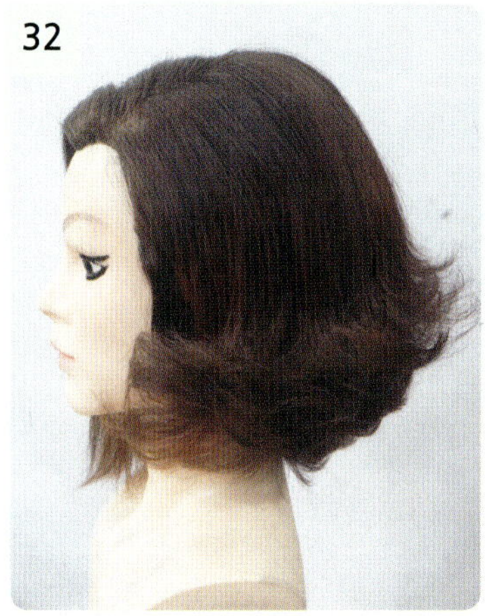

31, 32 아이론을 모발 위에 올려서 강한 아웃 C컬을 형성한다.

33

34

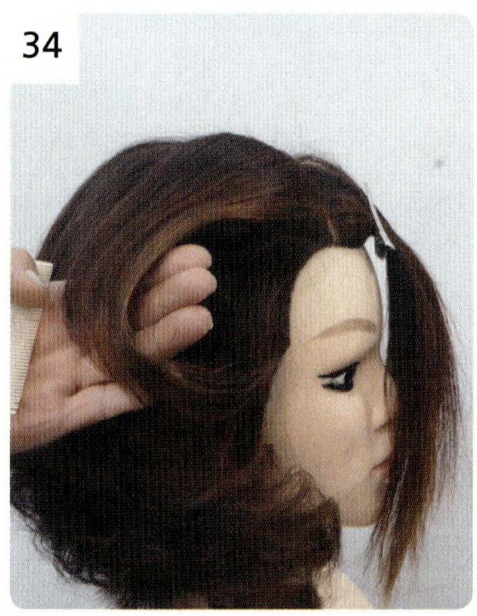

35

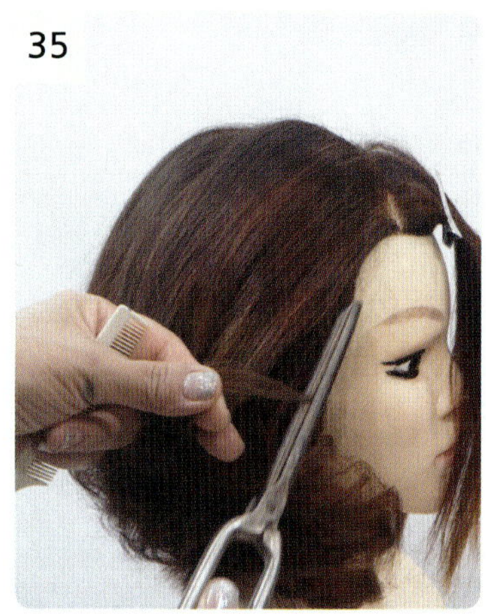

33, 34, 35 프린지는 볼륨의 크기만큼 시술각을 조절하면서 높이를 결정한다. C컬의 형태로 방향을 잡아가며 끝 부분의 머리카락을 정리한다.

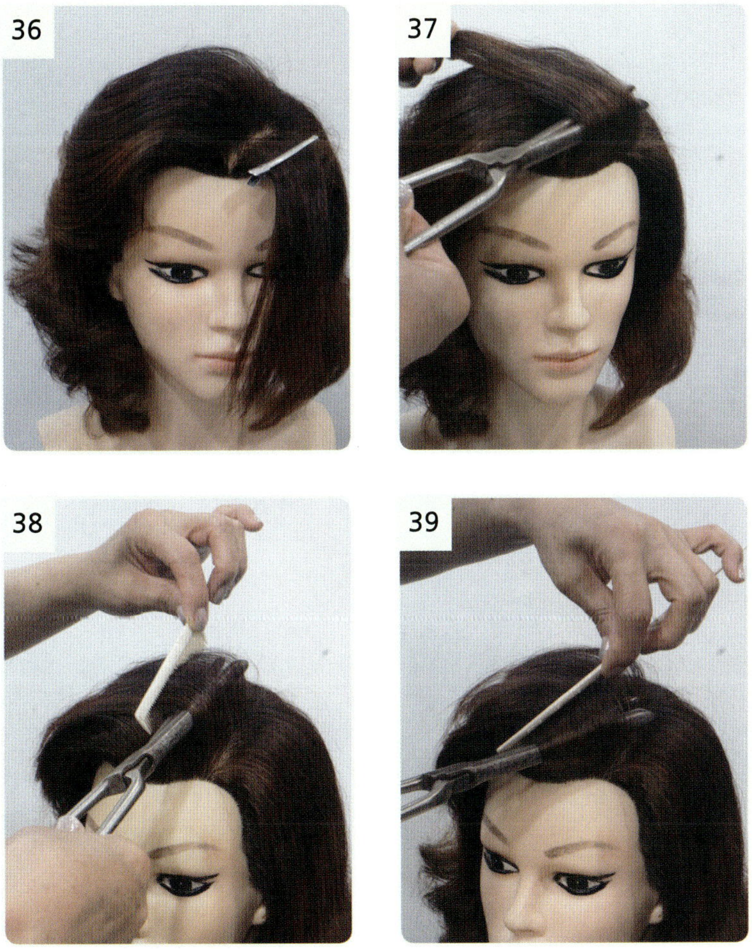

36, 37, 38, 39 헤어라인의 가르마 부분은 원하는 볼륨만큼 강한 텐션을 주어 높이를 결정하고 빗과 아이론을 교대하면서 자연스러운 C컬이 형성되도록 작업한다.

3) 숏 헤어 - C컬 웨이브 스타일

Before

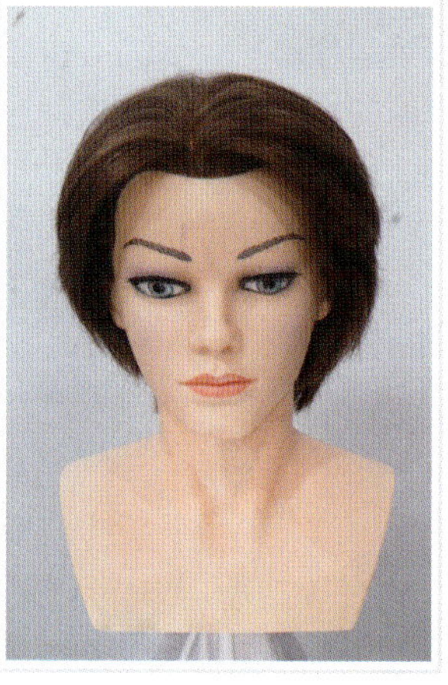

After

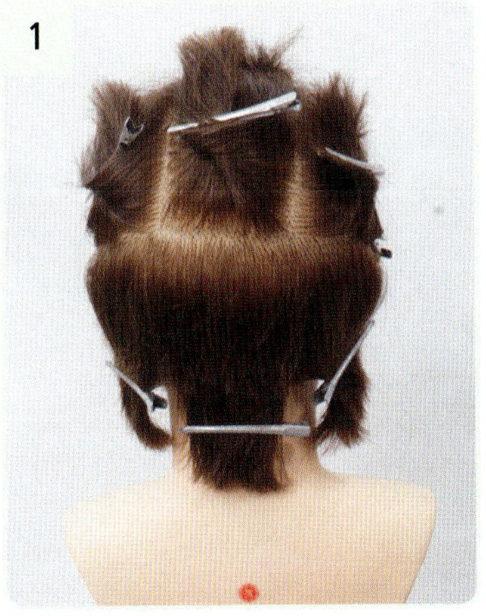

1, 2 모발의 길이가 짧기 때문에 후두부의 섹션은 귀를 중심으로 2등분으로 섹션을 나눈다.

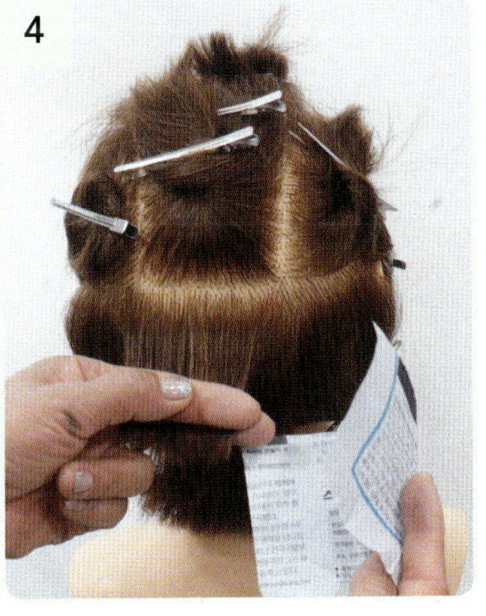

Tip

머리카락을 말때는 신문지 대신 창호지나 한지를 사용할 수 있다.

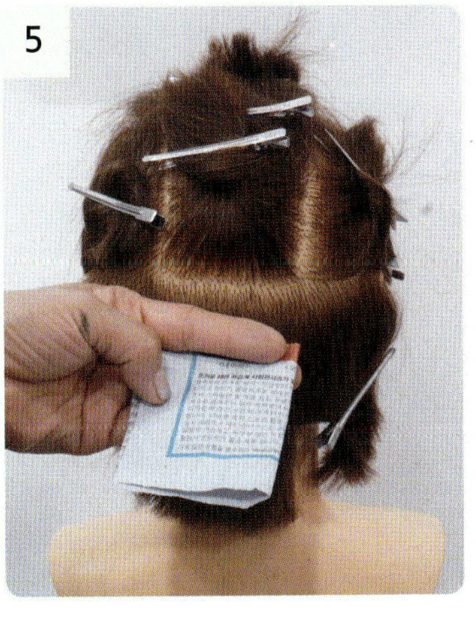

3 백 센터부터 작업을 시작한다. 아이론으로 모발을 전체적으로 한 번 훑어주면서 뿌리볼륨을 준다.
4, 5 잘려진 신문지를 절반을 접어서 모발을 감싼다.

6

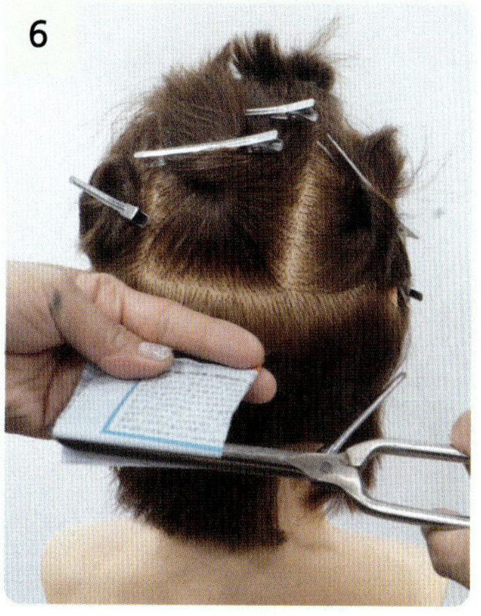

7

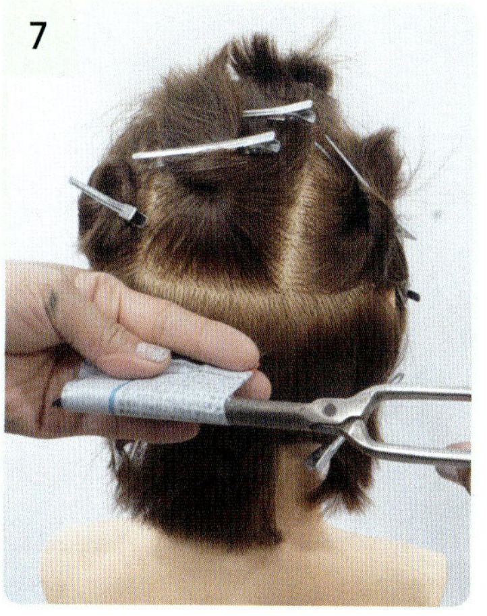

Tip

아이론의 온도조절은 필수이다. 너무 뜨거우면 모발이 타거나 손상이 가기때문에 젖은 물수건에 마샬의 온도를 조절하면서 컬링을 한다.

8

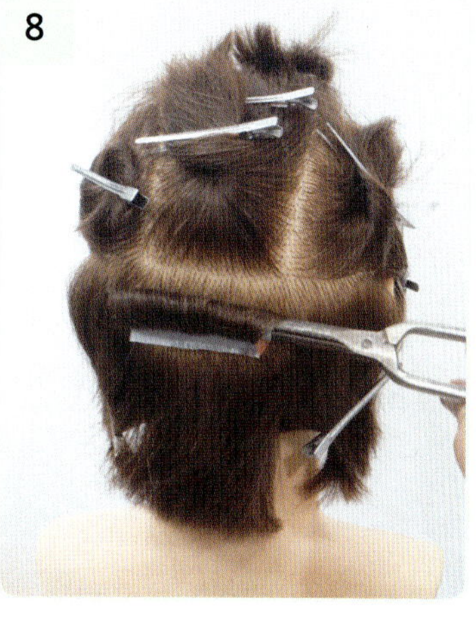

6, 7, 8 아이론으로 신문지의 끝부분을 잡고 안말음으로 와인딩한다. 이때, 모발의 끝부분이 꺾이지 않게 주의한다.

9

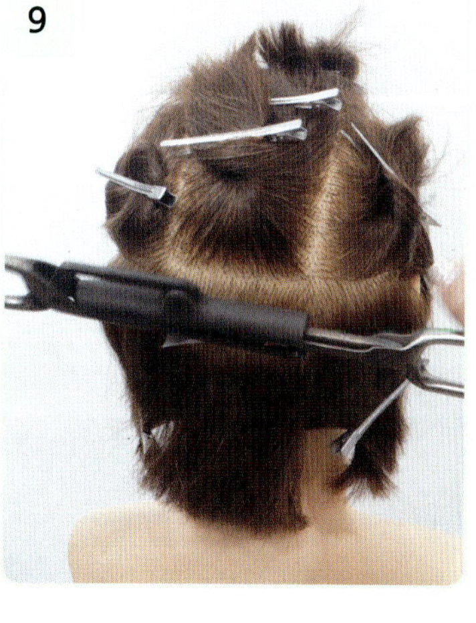

10

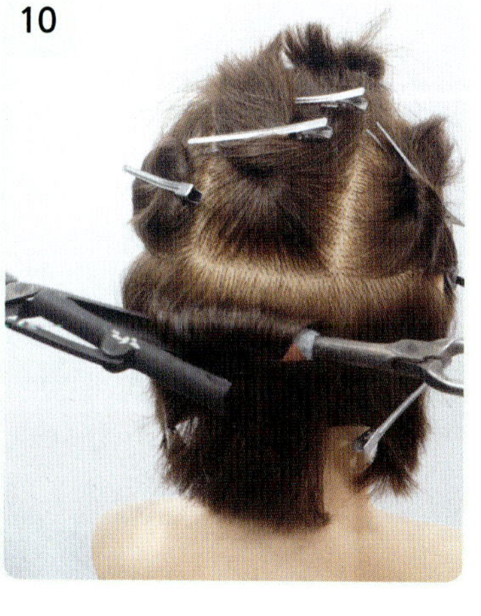

9 와인딩한 마샬 위에 컬아이론을 이용하여 강한 C컬이 형성되도록 15-20초 반복하여 고정한다.

10 반대로 컬을 살짝 돌려가면서 컬과 마샬을 제거한다.

11

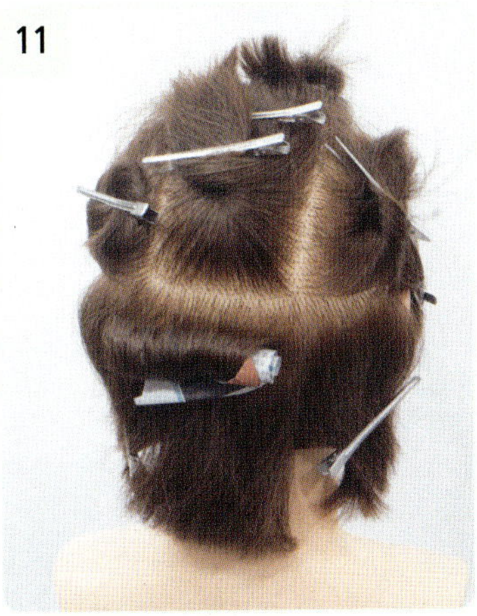

12

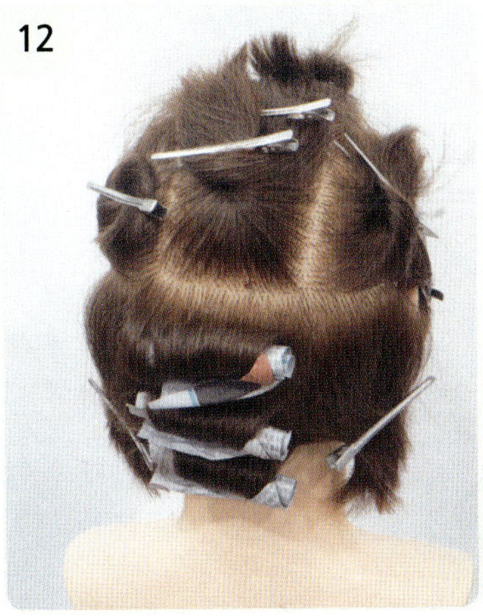

Tip

온도조절은 필수 !
아이론이 뜨거운지 확인할 때는 모발을 감싼 신문지의 끝 부분에 마샬을 가볍게 집어보고 신문지가 노랗게 변하는지 확인 후 신속하게 젖은 수건에 마샬을 식힌 후에 작업을 진행한다. 사전 확인 아주 중요하다

11 짧은 모발이 신문지에 말아진 상태
12 같은 방법으로 네이프 쪽으로 시술한다. 머리카락이 짧기 때문에 화상을 입지 않도록 주의한다.

13

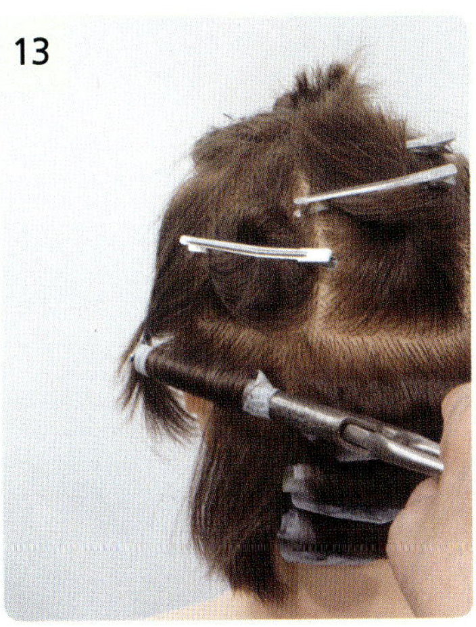

14

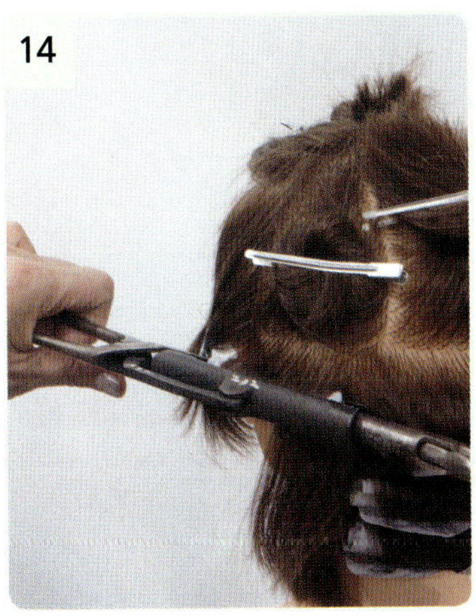

15

16

17

13, 14, 15, 16, 17 온도에 주의하며 양쪽 네이프도 같은 방법으로 작업한다.

18

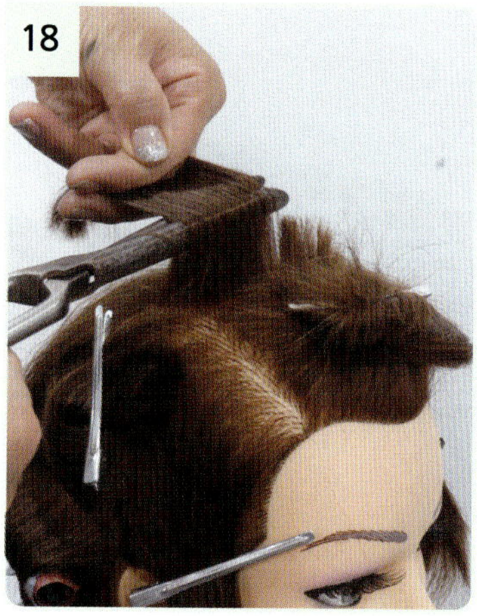

19

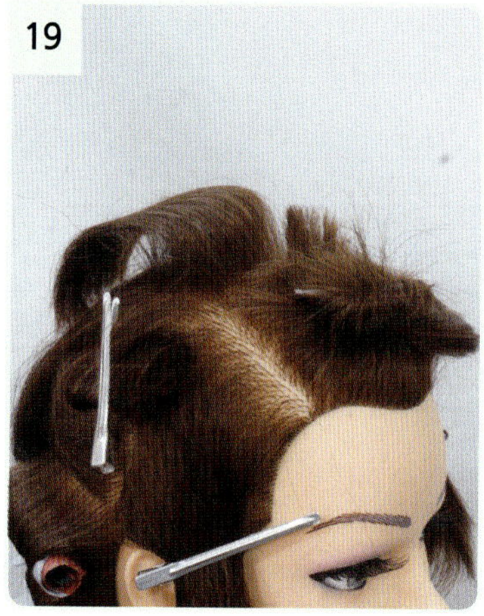

18, 19 탑 부분은 90도 각도로 뿌리를 살린다음 컬을 말도록 한다.

Tip

모발의 상태에 따라 온도를 조절할 것!!!
모발이 견모일 경우와 연모나 손상모일 경우는 온도를 낮게 조절 하여야 한다.

20

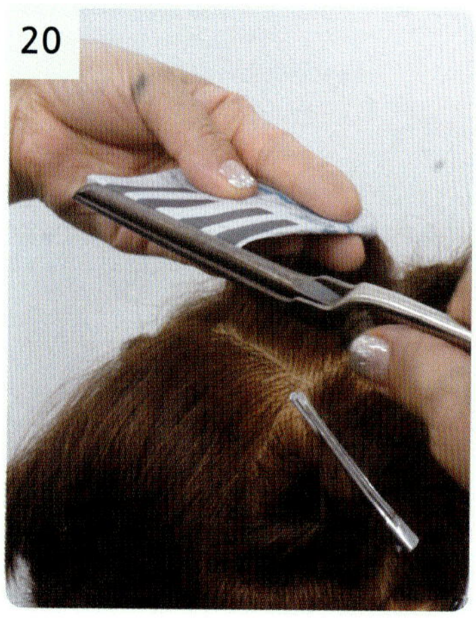

21

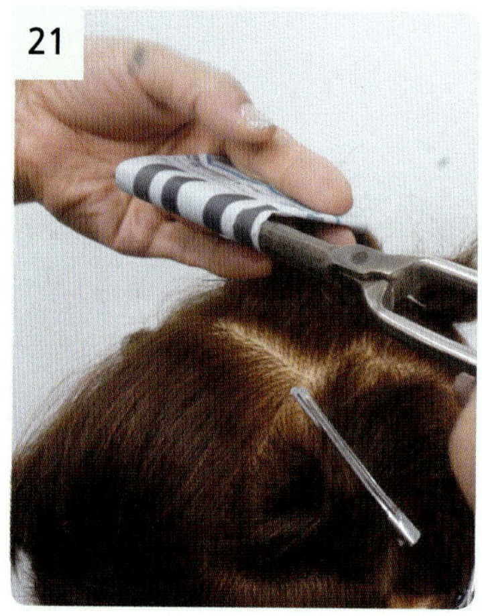

20, 21 모발의 끝에서부터 두피를 향하여 와인딩한다. 이때 끝모발이 꺾어지지 않도록 신문지의 가장 끝부분부터 와인딩한다.

22

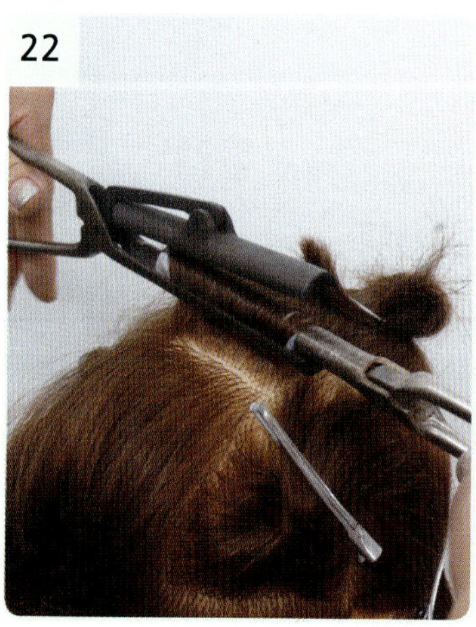

23

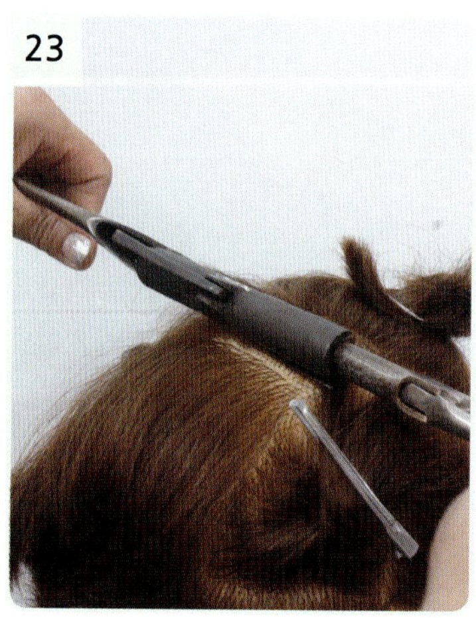

24

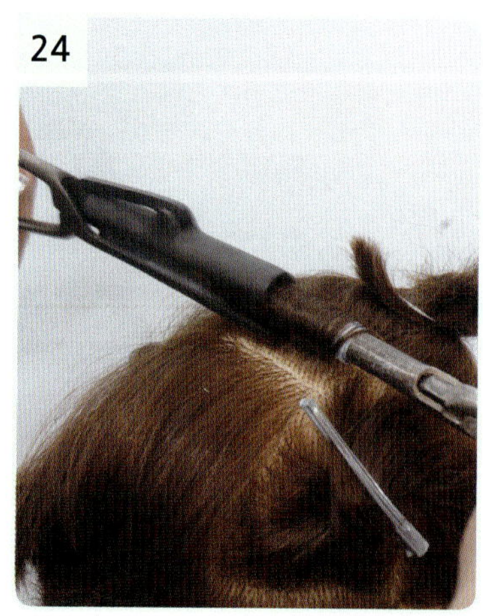

22, 23, 24 마샬과 컬을 반복하여 열이 잘 전달될 수 있도록 반복적인 작업을 해준다.

25

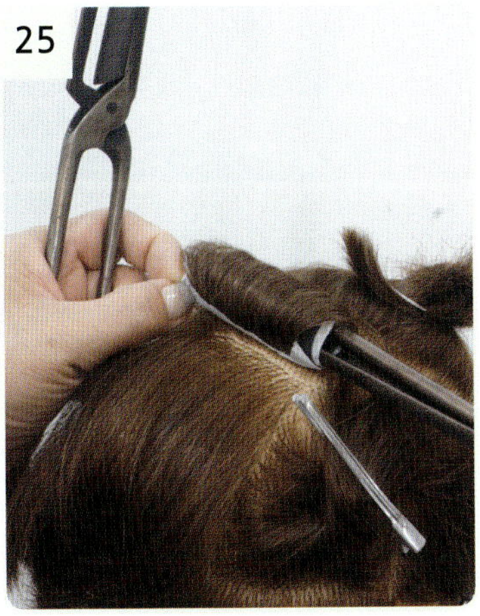

26

25, 26 마샬아이론을 살짝 오픈하여 반대쪽으로 1/4 바퀴 회전하여 분리한다.

27

28

27, 28 마샬과 컬을 사용하여 신문지로 와인딩한 모습

29

30

29 신문지를 모발로부터 분리시킨다.
30 컬이 탄력있게 말아진 상태이다.

31

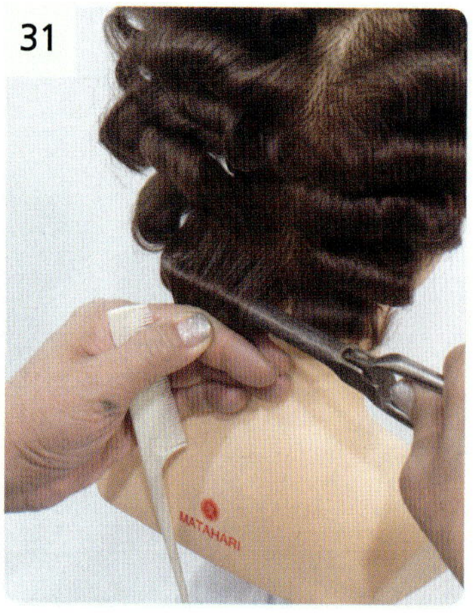

32

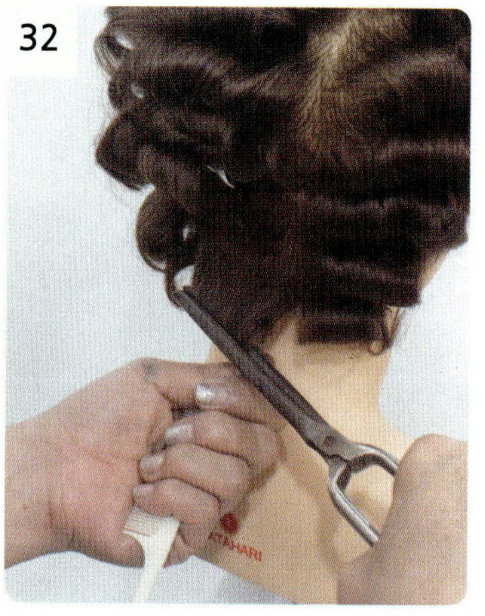

33

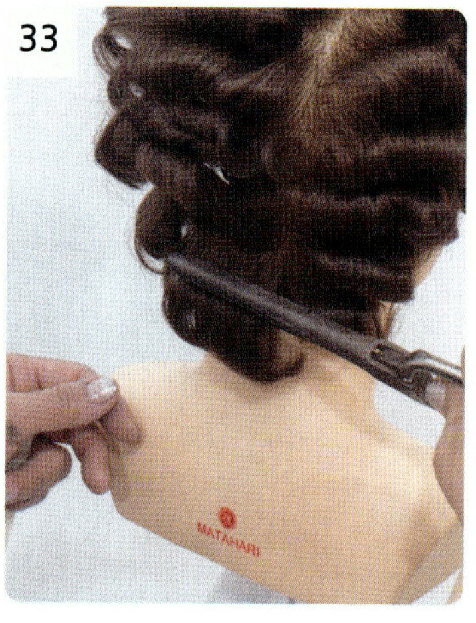

34

Tip

퍼머기가 없거나 쉽게 풀리기 쉬운 짧은 모발은 컬 아이론을 사용하여 와인딩 한 후 스타일링 하게되면 디자인이 오래 지속된다.

31, 32, 33, 34 와인딩 된 웨이브를 살려가면서 후두부 네이프센터에서부터 시작한다. 네이프센터에서부터 마샬아이론으로 뿌리부분을 가볍게 잡아주면서 작업한다.

35

36

37
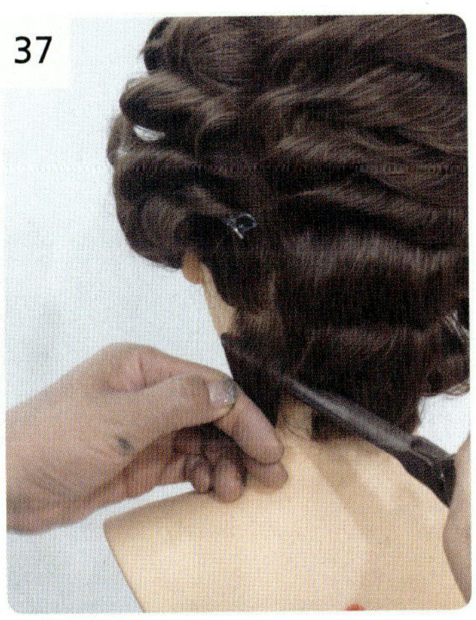

38

35, 36, 37, 38 후두부의 네이프 사이드 부분은 센터 부분의 완성된 C컬의 모발을 소량 가져와서 함께 작업한다. 자연스럽게 C컬을 살리면서 작업한다.

39
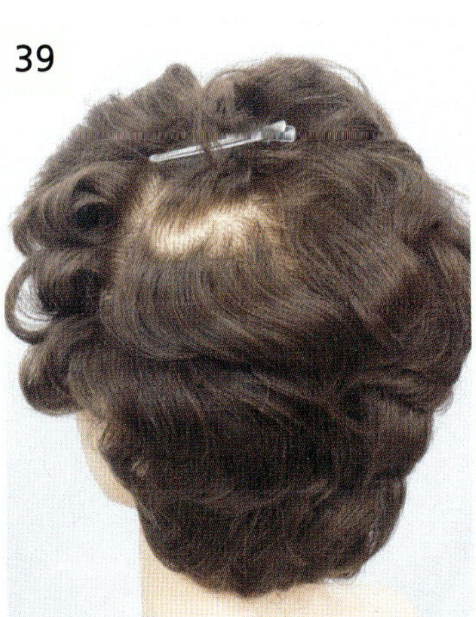

40
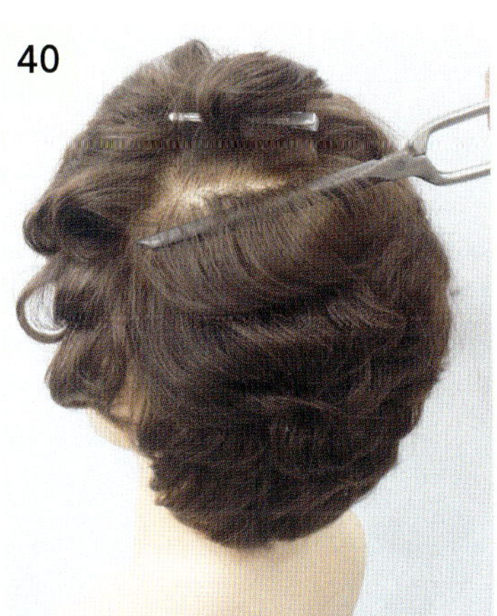

39, 40 네이프 탑부분까지 오른쪽, 왼쪽 방향으로 C컬의 모발들이 자연스럽게 연결되도록 연출한다.

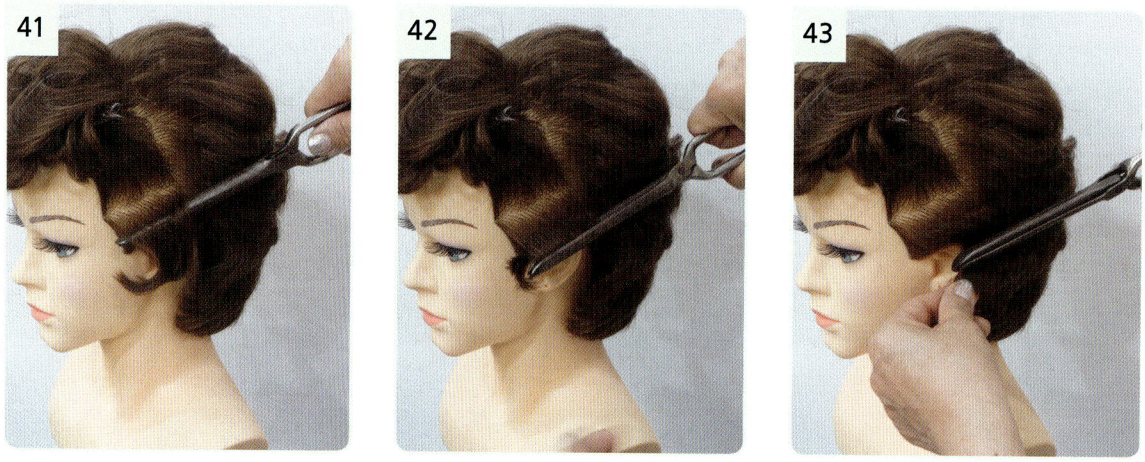

41, 42, 43 이어 사이드 부분은 포워드 방향으로 잡아주면서 모발의 끝부분이 얼굴쪽으로 향하게 C컬 형태로 만들어 나간다.

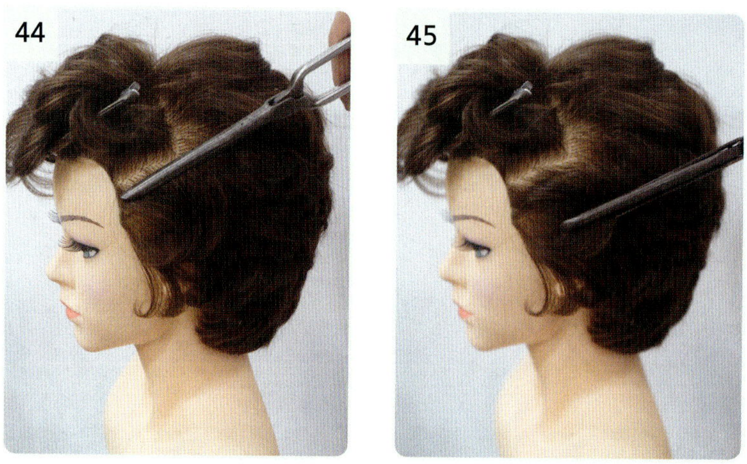

44, 45 뿌리에 볼륨을 고정시키면서 포워드방향의 C컬로 완성해나간다.

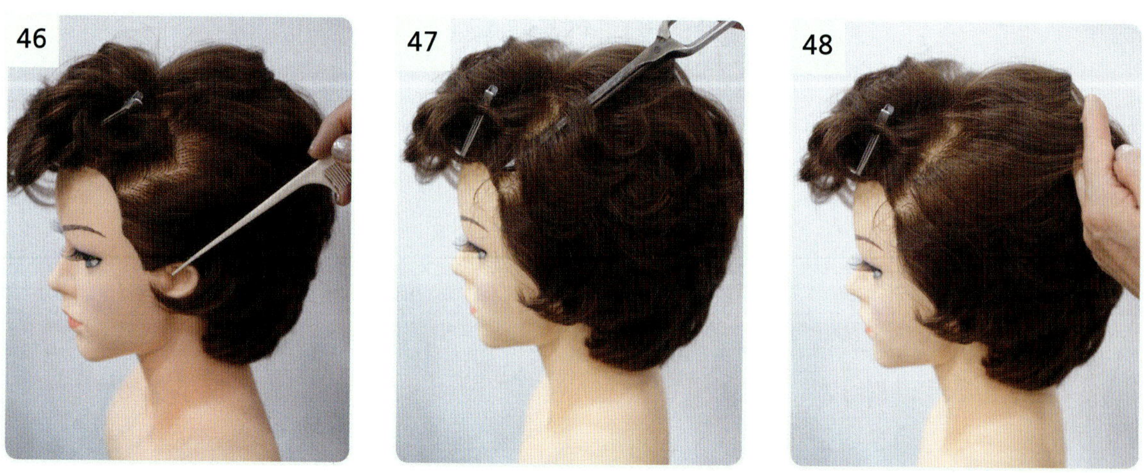

46 포워드 방향의 C컬을 형성하면서 귀가 보이게 스타일을 완성해 나간다.
47, 48 두상의 형태와 모발의 방향을 확보하면서 뿌리볼륨과 매끈한 C컬의 흐름이 되도록 형태를 잡아준다.

49

50

49, 50 얼굴형에 어울리는 볼륨을 살려가면서 균형과 조화가 이루어지도록 꼬리빗으로 디테일하게 작업한다.

51

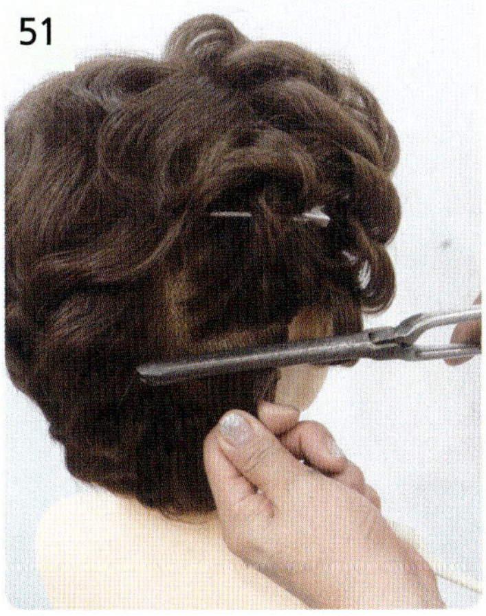

52

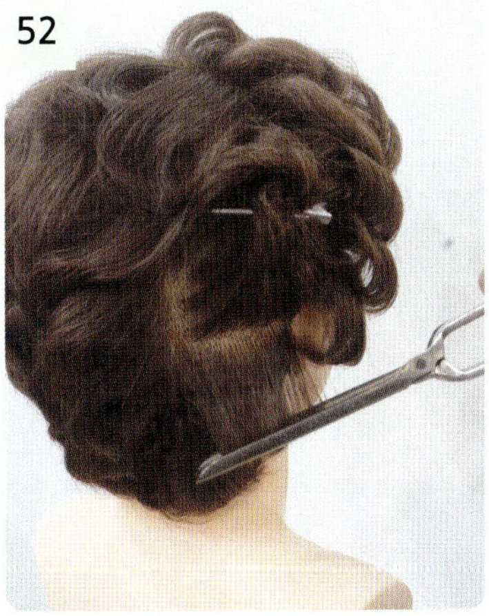

53

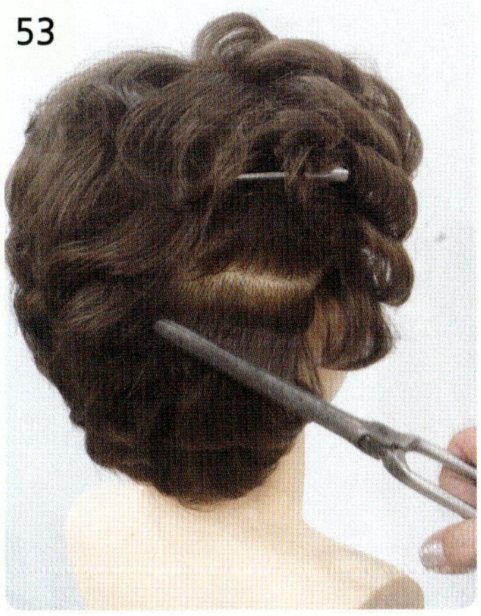

54

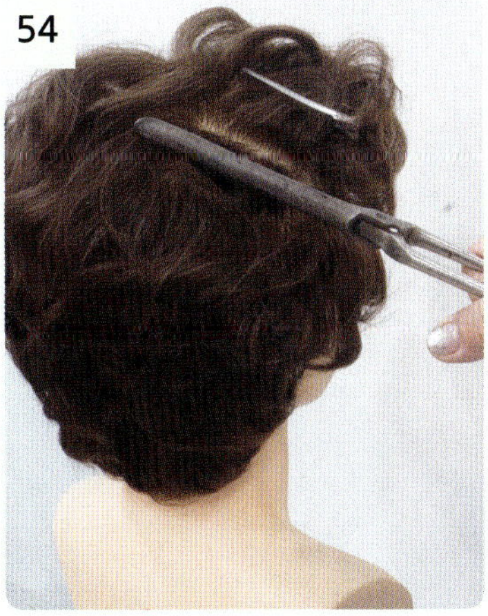

51, 52, 53, 54 후두부 오른쪽 사이드 부분도 백센터 쪽으로 웨이브의 흐름이 모아지도록 스타일을 완성해 나간다.

55

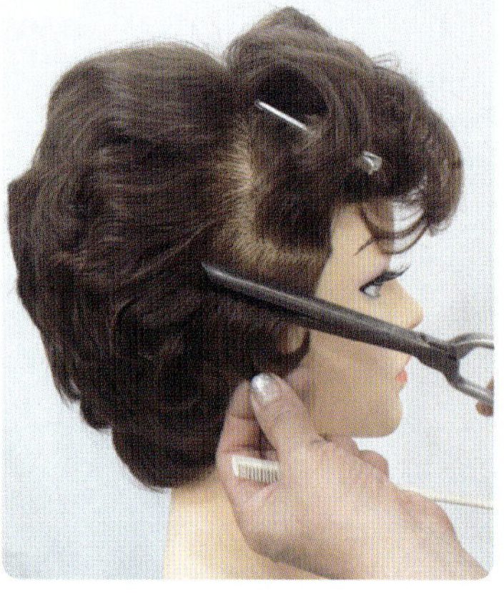

56

55, 56 오른쪽 전두부 이어 사이드 부분도 포워드 C컬의 형태로 뿌리를 잡아준다.

57

58

59

57, 58, 59 전두부 이어 사이드 크레스트 지역에서 부터는 뿌리를 잡아주면서 C컬을 만들어 간다.

60, 61, 62, 63, 64 두상의 형태에 따라 프린지 부분은 뿌리를 고정시키면서 C컬과 자연스러운 S컬로 스타일링 하여준다.

65, 66, 67 프린지의 헤어라인과 가르마 부분은 C컬 형태의 최대로 볼륨을 주어 고정시킨다.

5. 데콜테 스타일

1) 미디움 헤어 스타일

(1) 스타일 1

(2) 스타일 2

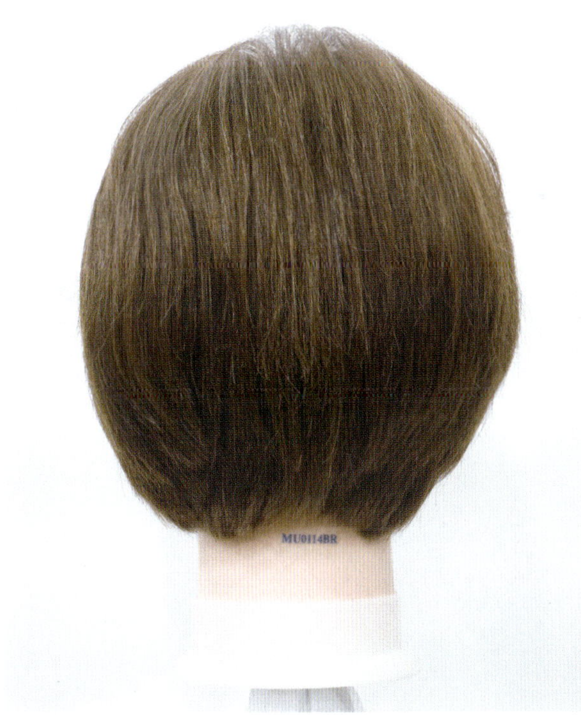

(3) 스타일 3

(4) 스타일 4

(5) 스타일 5

(6) 스타일 6

(7) 스타일 7

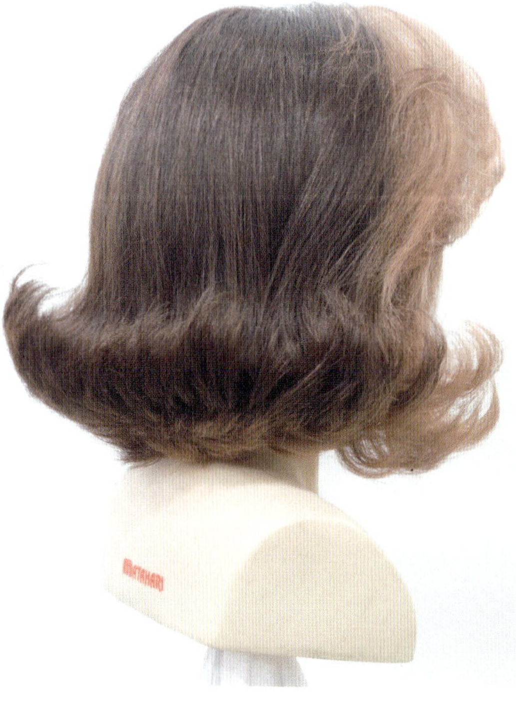

(8) 스타일 8

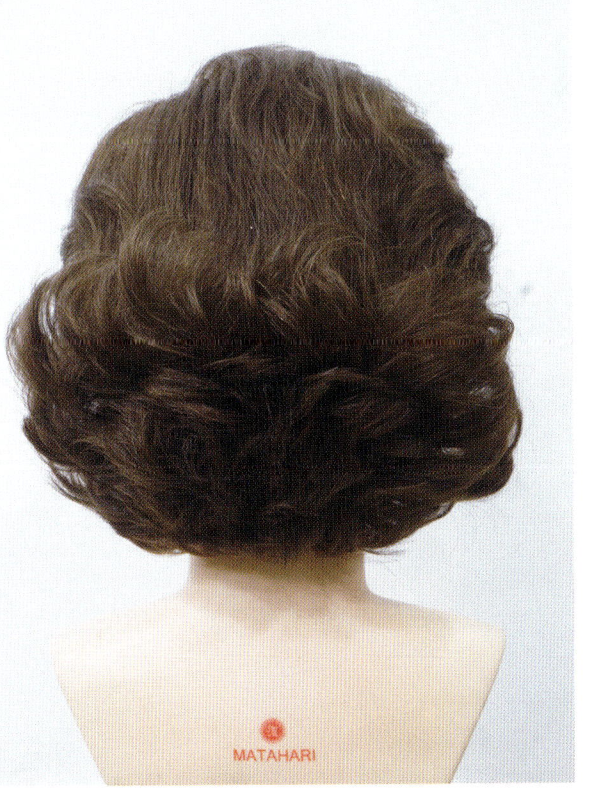

(9) 스타일 9

(10) 스타일 10

(11) 스타일 11

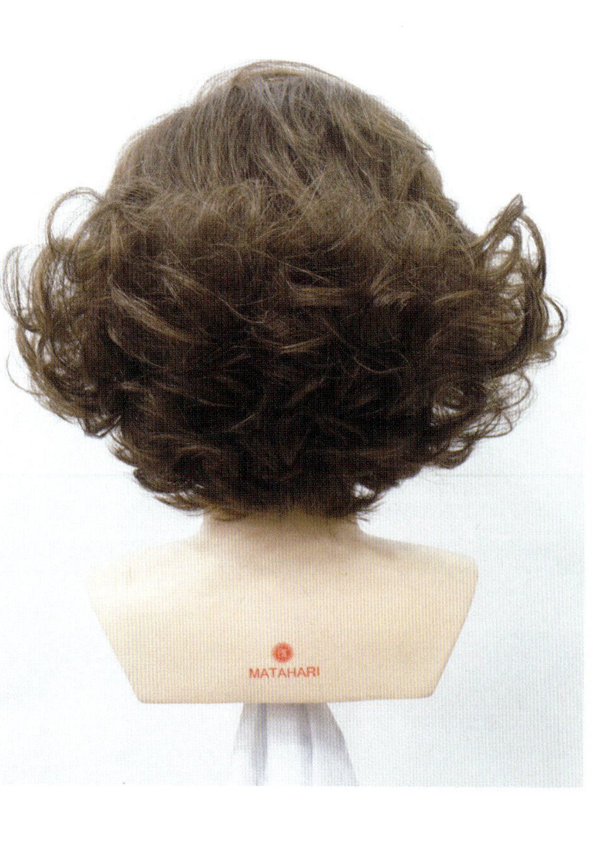

(12) 스타일 12

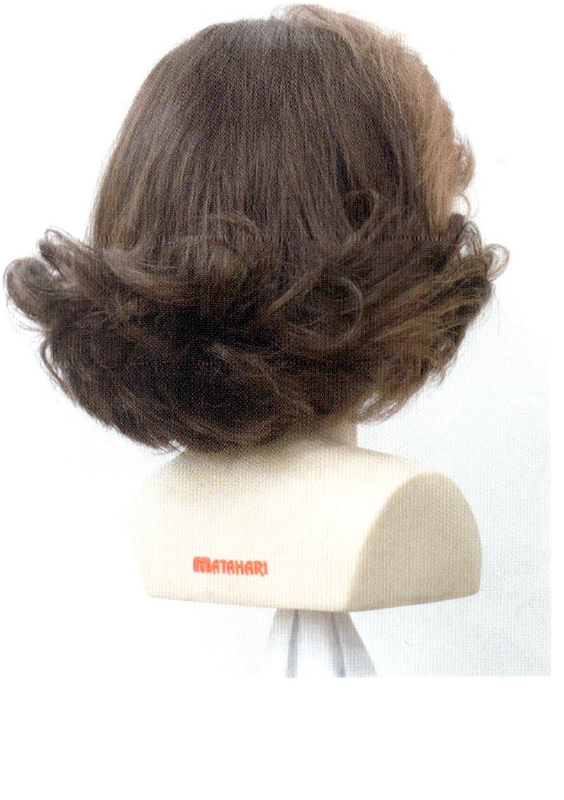

(13) 스타일 13

(14) 스타일 14

(15) 스타일 15

(16) 스타일 16

(17) 스타일 17

(18) 스타일 18

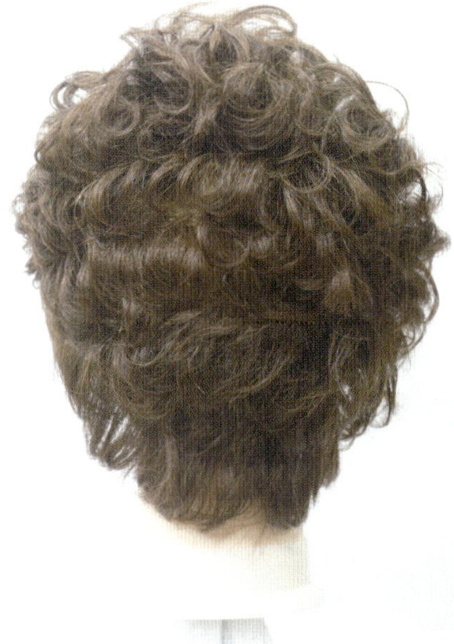

2) 롱헤어 스타일

(1) 스타일 1

(2) 스타일 2

(3) 스타일 3

(4) 스타일 4

(5) 스타일 5

(6) 스타일 6

(7) 스타일 7

(8) 스타일 8

(9) 스타일 9

(10) 스타일 10

(11) 스타일 11

(12) 스타일 12

(13) 스타일 13

(14) 스타일 14

(15) 스타일 15

(16) 스타일 16

(17) 스타일 17

(18) 스타일 18

(19) 스타일 19

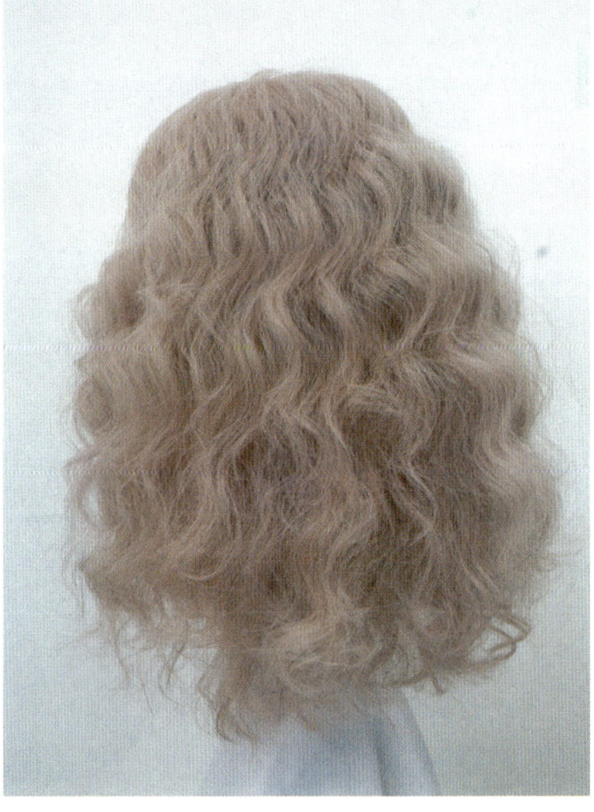

(20) 스타일 20

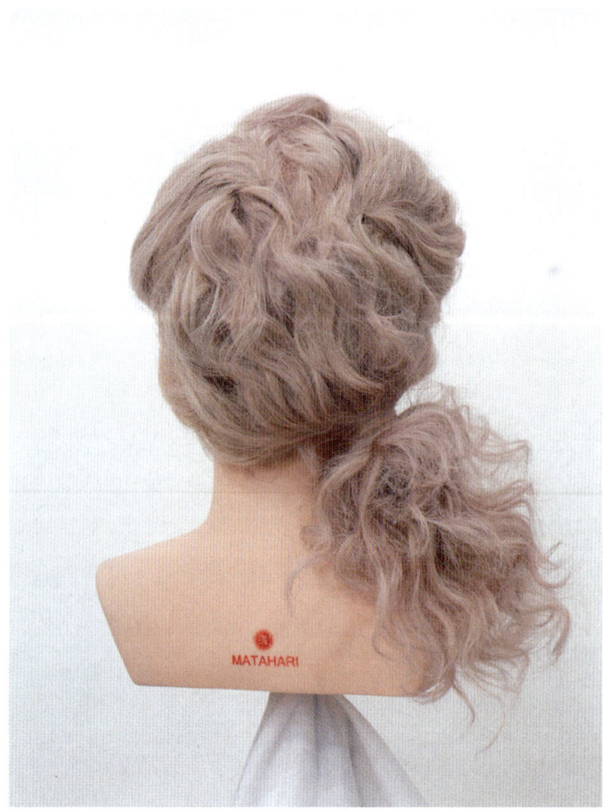

(21) 스타일 21

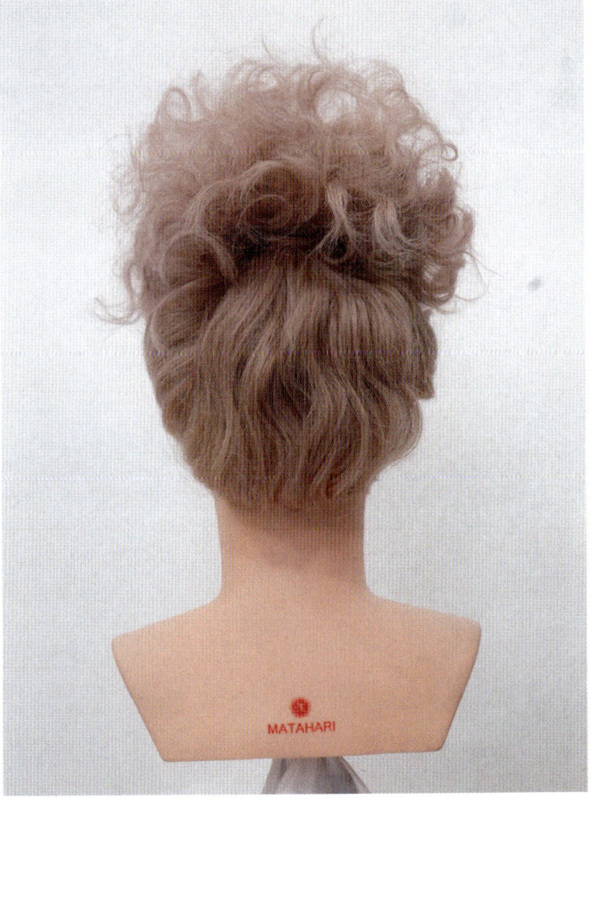

(22) 스타일 22

(23) 스타일 23

(24) 스타일 24

(25) 스타일 25

(26) 스타일 26

6. 모델 응용 스타일

(1) 스타일 1

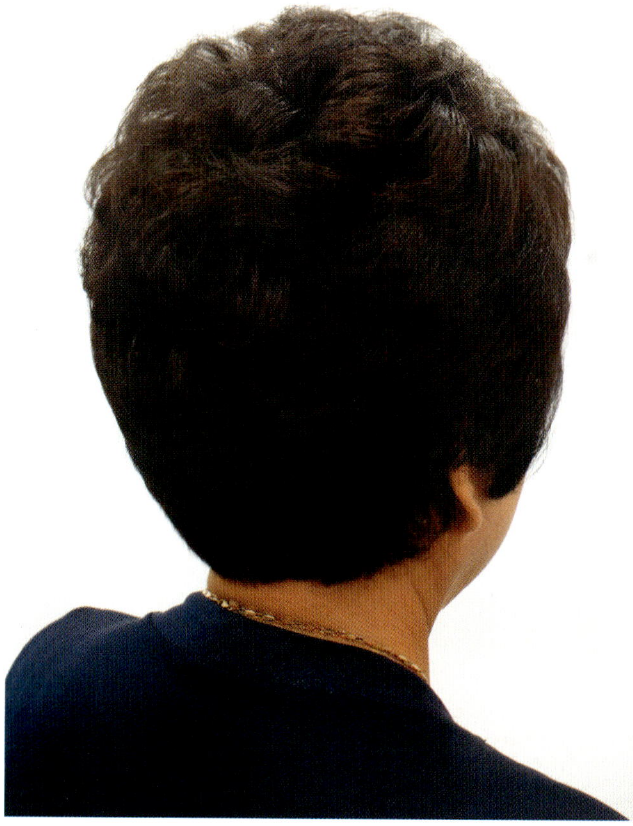

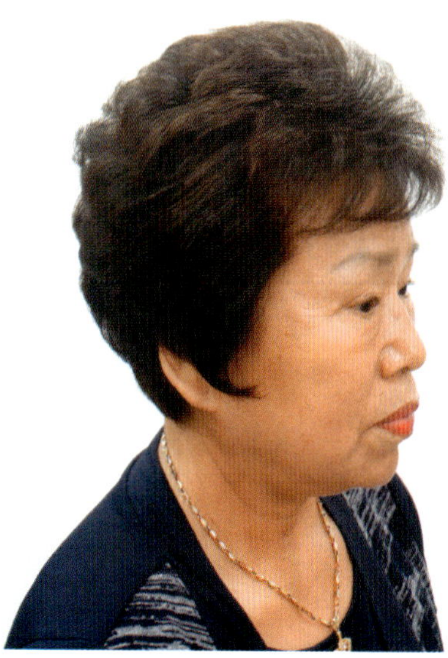

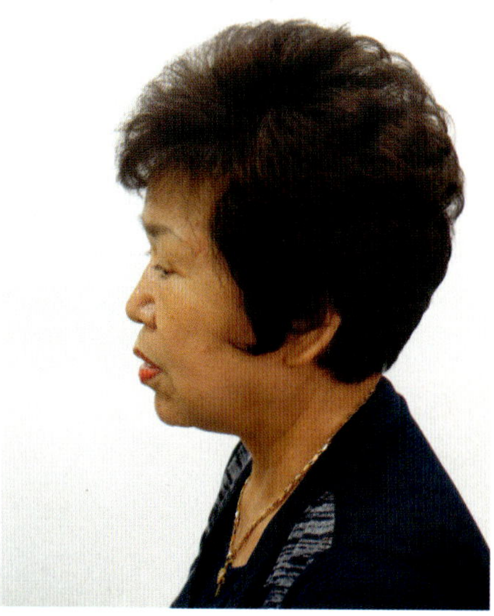

(2) 스타일 2

(3) 스타일 3

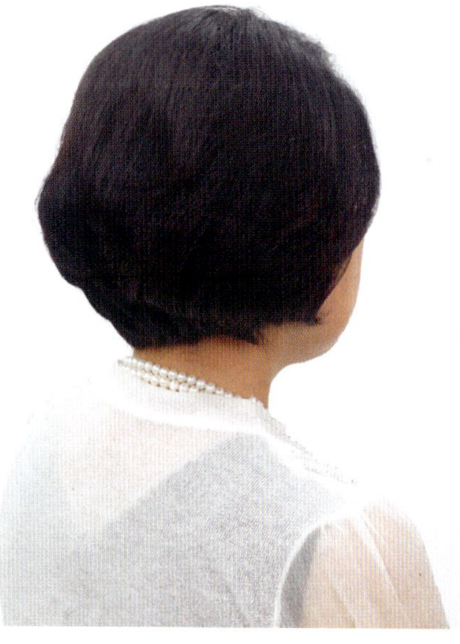

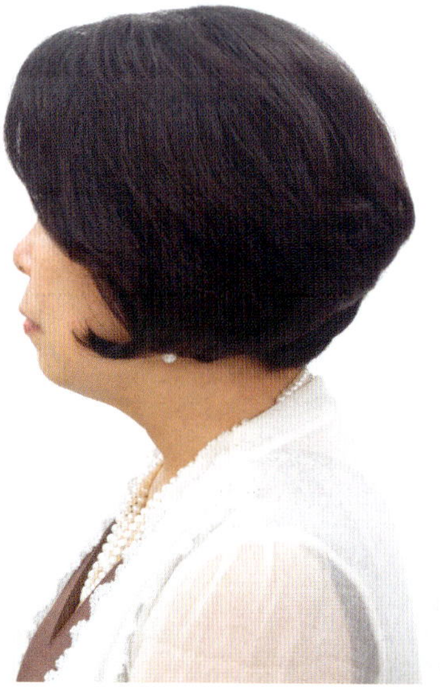

(4) 스타일 4

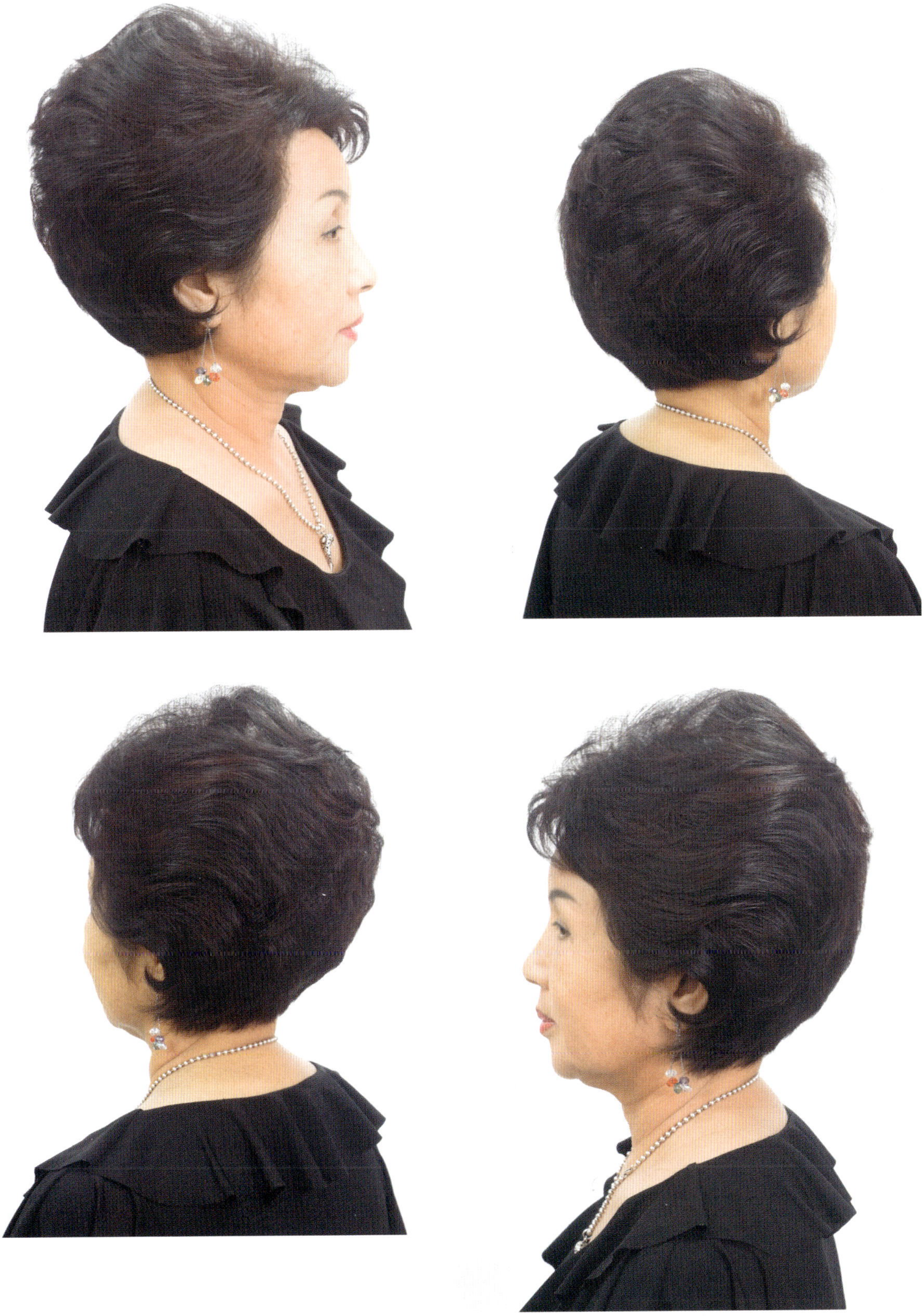

(5) 스타일 5

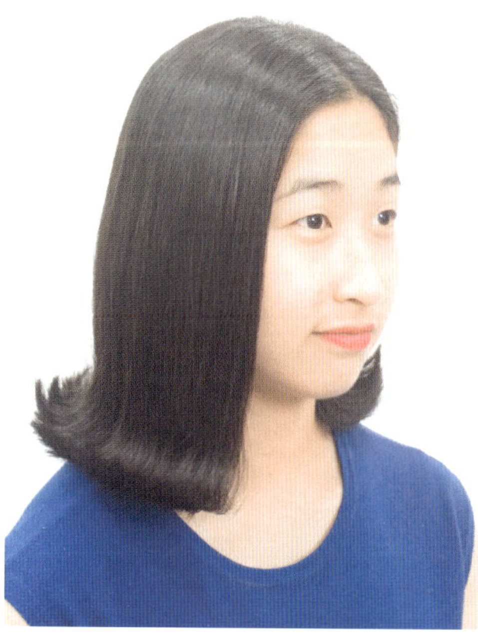

(6) 스타일 6

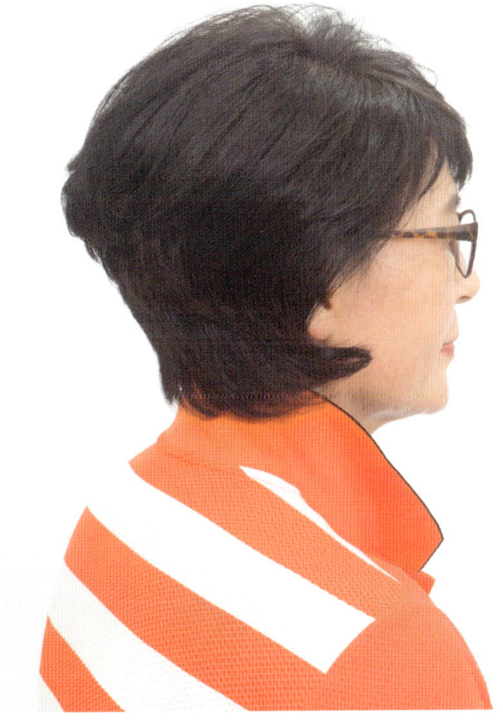

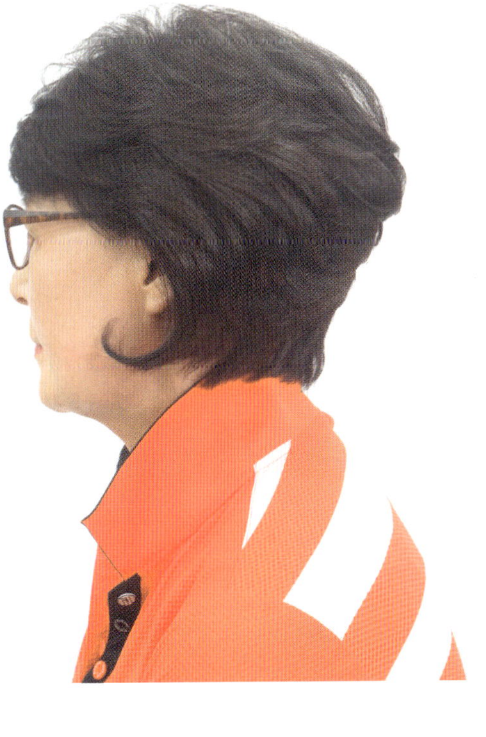

(7) 스타일 7

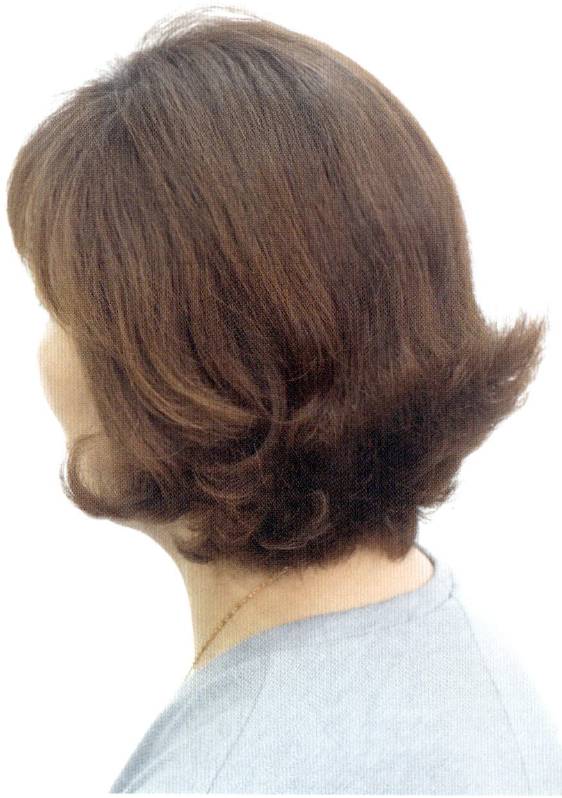

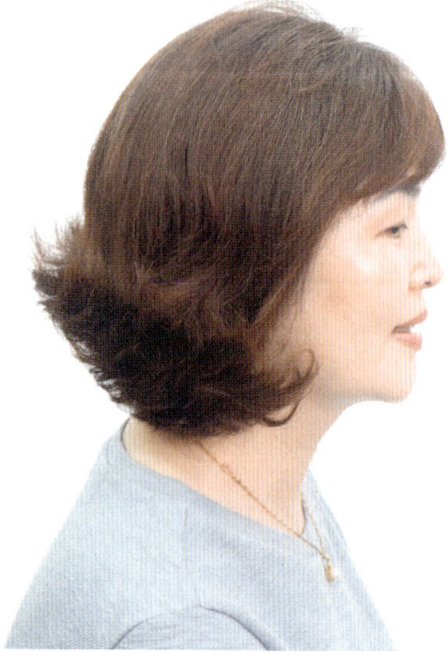

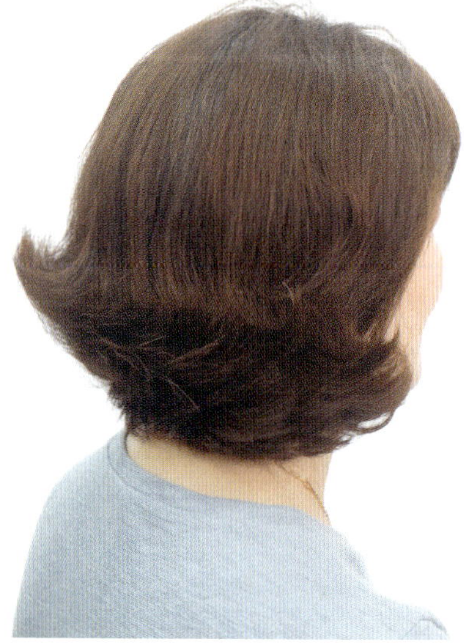

(8) 스타일 8

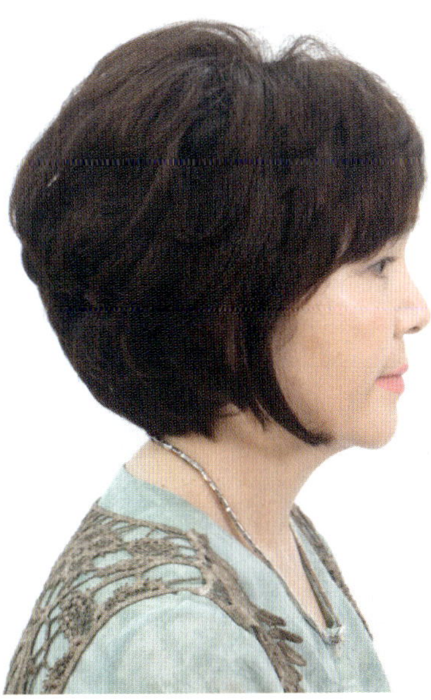

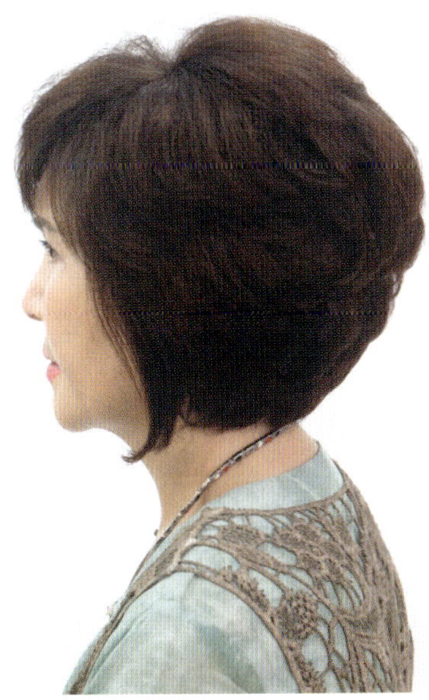

(9) 스타일 9

(10) 스타일 10

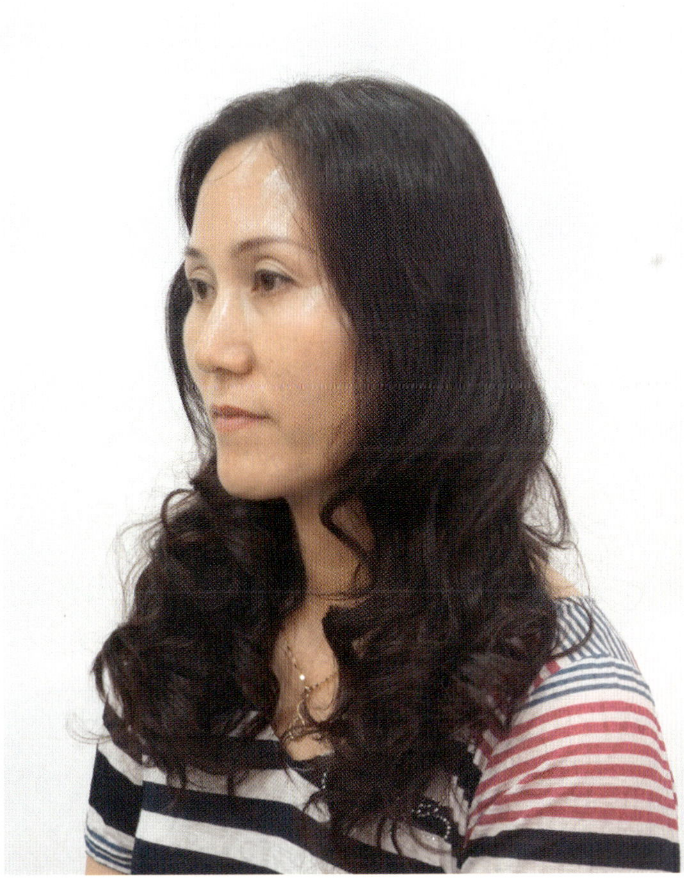

(11) 스타일 11

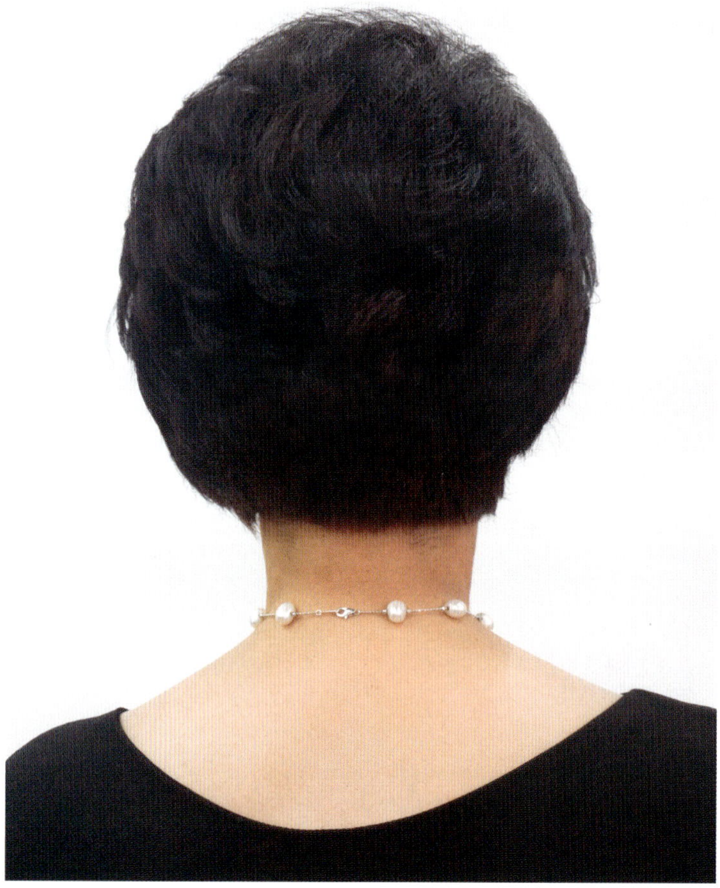

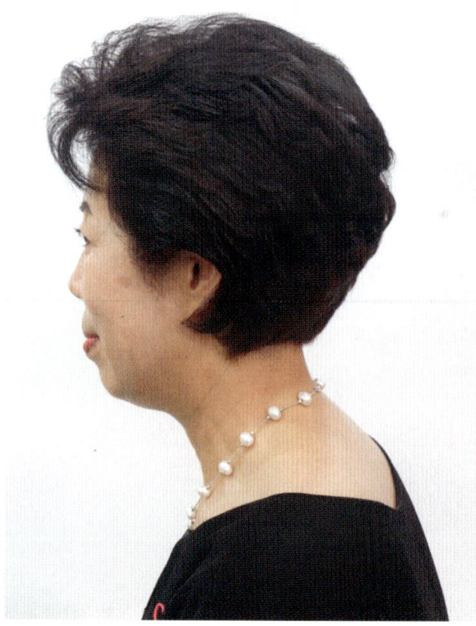

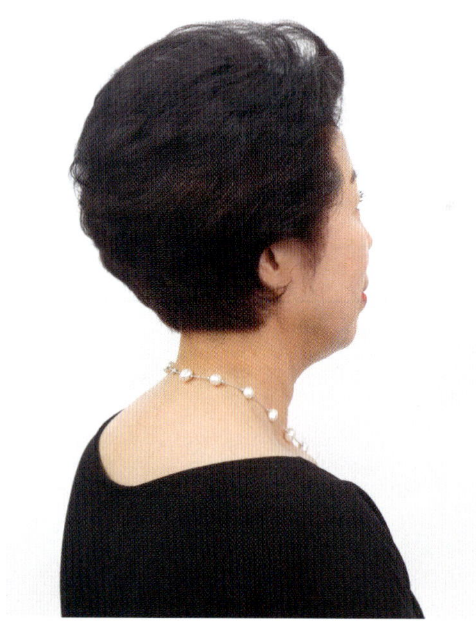

(12) 스타일 12

(13) 스타일 13

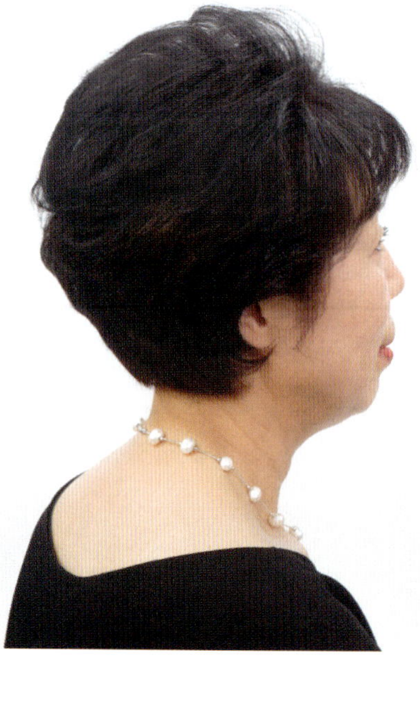

찾아보기

INDEX

본 교재는 영산대학교 연구비 지원으로 제작되었습니다.

Commercial Blow Dry & Iron

2016년 8월 30일 초판인쇄
2016년 9월 10일 초판발행

지은이 : 김진숙, 손진아
펴낸이 : 이상태
펴낸곳 : 청구문화사
주　소 : (03706) 서울특별시 서대문구 성산로11길 15
전　화 : 02-332-0541(代)　FAX : 02-337-9577
등　록 : 1990년 11월 2일 제9-247호

가격 35,000원

ISBN 978-89-5616-715-2 93590